工人师傅教你家装

叶萍 编

HOME DECORATION DESIGN AND CONSTRUCTION

材料选择600招

中国电力出版社
www.cepp.sgcc.com.cn

内容提要

本书汇集600条实用的知识点，内容全部由常年工作于装修一线的工人师傅总结得出，专业性更强，更具参考价值。旨在帮助读者清晰地了解装修材料的购买时间、所用规格、选购技巧和保养妙招，令读者不用再到建材市场犹豫徘徊，真正做到选材省钱更省心。

图书在版编目（CIP）数据

工人师傅教你家装材料选择600招 / 叶萍编 . — 北京 ：中国电力出版社，2017.1

ISBN 978-7-5198-0042-0

Ⅰ . ①工… Ⅱ . ①叶… Ⅲ . ①住宅 - 室内装修 - 装修材料 - 选购 Ⅳ . ① TU56

中国版本图书馆 CIP 数据核字 (2016) 第 277912 号

中国电力出版社出版发行

北京市东城区北京站西街19号　100005　http://www.cepp.sgcc.com.cn

责任编辑：曹　巍　责任印制：蔺义舟　责任校对：太兴华

北京博图彩色印刷有限公司·各地新华书店经售

2017年1月第1版·第1次印刷

880mm × 1230mm　1/32　6.5印张　178千字

定价：36.00 元

Preface

装修前，最好先了解家装施工流程和装修各个阶段需要购买的材料，例如用于墙面装修的油漆涂料或壁纸，铺贴的地板砖及其他地方所用的瓷砖、灯具、五金、洁具这些。因为在装修过程中，只有所需要的材料都准备好了，整个进程才不会因缺某个材料而受阻耽搁，不然，既影响装修效果又拖延时间。

本书从工人讲述材料选购的角度出发，以房屋装修的施工流程为主线。包括家居装修材料常识、装修前期需提前选购的材料、装修中期与施工同步选购的材料、装修后期的收尾工程需要选购的材料、施工完成后结合家居整体风格选购的软装材料五大章节。全面涵盖装修所需建材，同时以专业的角度剖析各种建材的购买时间、所用规格、选购技巧和保养妙招，令读者走出材料陷阱，轻松打造属于自己的完美家园。

参与本套书编写的有赵利平、武宏达、杨柳、黄肖、董菲、杨茜、赵凡、刘向宇、王广洋、邓丽娜、安平、马禾午、谢永亮、邓毅丰、张娟、周岩、朱超、王庶、赵芳节、王效孟、王伟、王力宇、赵莉娟、潘振伟、杨志永、叶欣、张建、张亮、赵强、郑君、叶萍等人。

目 录
Contents

PART 2 装修前期需提前选购的材料

PART 3 装修中期与施工同步选购的材料

PART 4 装修后期的收尾工程需要选购的材料

PART 5 施工完成后结合家居整体风格选购的软装材料

PART 1

率先了解家居装修材料常识

家居装修中材料的选购是一项令人费心的工程。一不小心就会掉入重重陷阱，所以，最重要的是先俯视全局，了解材料常识后再去购买，方可达到事半功倍的效果。

001 家装主材与辅材所包含的内容

① 家装主材包括地板、地砖、灯具、洁具、锁具、五金、厨具、家具等，一般指的是前六种。

② 家装辅材包括沙子、水泥、防水剂、木工用的板材、钉子、胶、油漆工用的油漆、砂纸、腻子粉、大白粉、刮墙粉、乳胶漆等。

002 室内装修材料所包含的种类

分　类	内　　容
墙体材料	包括乳胶漆、壁纸、墙面砖、涂料、饰面板、塑料护角线、金属装饰材料、墙布、墙毡等
地面材料	包括实木地板、复合木地板、天然石材、人造石材地砖、纺织型产品制作的地毡、人造制品的地板（塑料）等
装饰线	在石材板材的表面或沿着边缘开的一个连续的凹槽，用来达到装饰的目的或突出连接位置
顶部材料	包括铝扣板、纸面石膏板、装饰石膏角线、复合 PVC 扣板、艺术玻璃等
紧固件、连接件及胶黏剂	螺钉、垫圈、合页、AB 胶等

003 根据家庭成员选择家居用材的方法

在选购建材之前首先要考虑居住的人群，如家中有行动不便的老人，大理石或抛光砖这类的光滑材质就不适合。若家中有小孩或养宠物，木地板容易被破坏，因此也不适合使用；另外，铁艺材质容易对幼童造成伤害，最好尽量减少用量。

004 根据空间风格选择建材的方法

空间风格营造得是否成功，通常取决于材质的选择。例如，空间风格偏向乡村风格，就要选择温馨、质朴、自然质感的材料；空间风格偏向于现代风格，则可以选择时尚、前卫的新型材料。

005 根据工期长短选择建材的方法

每一种材料所需的施工期限有所不同，以地板为例，石材或瓷砖类材质要先将地面粉光，所以需要至少一周以上的时间，若有施工期限的限制，则应连地面粉光的时间一并考虑进来。

006 客厅适合选用的装修材料

客厅是家庭生活中的主要活动区域，在装饰材料的选择上，有着更适合客厅的搭配。地面材料以耐磨、防水的瓷砖为宜；在墙面的选择上，可以铺贴石材造型、木造型，以提升客厅的视觉享受。由于客厅是人员流动最密集的地方，因此，对装饰材料的环保性也有着较高的要求，甲醛等有害物质释放需要符合国家检测标准。

007 餐厅适合选用的装修材料

餐厅地面以各种瓷砖和复合木地板为首选材料，因为它们耐磨、耐脏、易于清洗。而不宜使用地毯，因为一旦有些油腻的菜汤饭屑，掉到地毯上很难处理干净。餐厅的墙面材料以乳胶漆较为普遍，一般应选择偏暖的色调，可以营造出温馨的就餐氛围。

008 卧室适合选用的装修材料

卧室的地面选择铺设木地板，可以减少空间的光污染，且行走在上面没有冰凉的感觉；墙面选择壁纸或者涂料，可减少墙面造型带来的复杂感；吊顶以简洁为主，专注于布置出舒适、温馨的灯光氛围；在窗帘等布艺织品的搭配中，柔软舒适、色彩过渡自然的材料更适合卧室。

009 书房适合选用的装修材料

安静对于书房来讲十分必要，在装修时要选用那些隔声、吸声效果好的装饰材料。顶棚可采用吸声石膏板吊顶，墙壁可采用 PVC 吸声板或软包装饰布等材料，地面可采用吸声效果佳的地毯，窗帘要选择较厚的材料，以阻隔窗外的噪声。另外，书房内一定要设有台灯和书柜专用灯，便于主人阅读和查找书籍。

010 厨房适合选用的装修材料

厨房地面、墙面选择铺贴瓷砖，有易于打理、防水、耐磨的优点；顶面一般选择铝扣板或是集成吊顶，便于维修且防水效果好。若想要造型吊顶，则应选择防水石膏板与防水涂料；整体橱柜的选择并没有限制，只要符合空间的搭配即可。

011 卫生间适合选用的装修材料

卫生间地面、墙面选择铺贴瓷砖，追求高档些可选择石材。其中，瓷砖选择抛光砖、玻化砖利于卫生间的清洁，相反仿古砖则容易藏污纳垢；吊顶选择集成吊顶、PVC 吊顶或防水石膏板吊顶；马桶、洗手柜根据空间的大小与位置做出合理选择；在玻璃门的选择上，厚度足够的钢化玻璃可以保障安全。

012 防止掉入材料陷阱的技巧

① 看清发票。应注意发票上面的商家和货号。此外，为防止被调包，还一定要逐个拆箱验货，而且要看着装货上车。对细心的业主来说，自带计算器及测量工具也是防止被欺骗的好办法。

② 及时点数。一般主材运送前，需要业主核实查验数量。但像涂料这样

以体积来定量的辅料，消费者很难查验，因此建议消费者最好选择知名品牌和正规厂家的产品。

③ 索取质量责任单。除了平时多学习一些建材方面的知识外，在购买时，一定得要求商家在收款凭据上特别注明地板名称、等级、品牌，并索取质量责任单，如果发现有假，可凭此投诉。此外，业主可以选择可靠的名牌建材商，装修需要的建材集中一次买齐，能节省一笔不小的开支，售后服务也有保障，是一种很划算的选择。

013 处理装修剩余材料的方法

① 网上处理。不少装修、房产类网站都设有剩余材料交换栏目。你只要将剩余材料的转让要求传到网上，就可以静候回音了。

② 废物利用。综合利用一些材料，通过简单加工就可以变成独具特色的实用品。比如，地板块可以做成书架、花架和鞋架等；油漆桶清洗干净后包上好看的花布，可以当作置物桶、收纳箱等。

③ 退还商场。一些大卖场允许客户退还材料，前提是不能有污损或打开包装。因此，到能退货的商场购买材料，就不用担心材料浪费了。

014 买材料时“一砍到底”的技巧

在经销商报出价格后，先狠砍一刀，尽量说出连自己都不太相信能成功的价格，如果经销商大呼自己没钱赚，你不妨把价格稍微抬一点。这样一来一回，价格一般都会有所回落。

015 买材料时“赞美砍价”的技巧

看中一款建材后，先不要忙着砍价，先对店主或产品进行赞美和恭维，当经销商被你恭维得心花怒放时，你就可以砍价了。一般情况下，经销商都能把价格降一些。

016 买材料时“引蛇出洞”的砍价技巧

看中一款建材产品时，先不要忙着砍价，而是询问对方有没有另外一种同类产品，而且要确认对方确实没有。一般情况下，对方都会把你当成潜在客户，向你推荐你所看重的产品，为了把货物卖给你，他们都会主动以价格优势吸引你的注意。

017 买材料时“声东击西”的砍价技巧

看中一件价格适中的货物，先不要砍价，而是先表现出对另外一件价格较高的产品感兴趣，并与销售人员商谈，价格谈得差不多时开始询问你想要购买的产品，一般情况下，经销商都会报出一个很低的价位，以体现你想要购买的产品的最低价格。此时，如果你感觉对方报出的价格合理，便可以当即表示购买或者再砍砍价，然后当即买下。

018 瓷砖、地板类的建材团购更省钱

瓷砖、地板类的建材品种较为统一、用量大，使瓷砖和地板成为团购的重头戏，也是最容易见效益的项目。某些大品牌甚至还专门成立了团购销售部，提供深入小区的特别服务，这时几个业主一起团购，就会比单独去建材城购买便宜很多，但是一定要仔细审核产品质量，防止商家以次充好。

019 厨卫材料团购更省钱

很多人装修完算账，发现最大的花销居然是在厨房和卫浴间。的确，几万元的按摩浴缸、几千元的坐便器、每延米几千元的橱柜，这些也就罢了，居然水龙头也要以千元来计价，但是以团购的形式统一购买，就能控制预算，从而省下一部分钱。

020 家用电器团购更省钱

家用电器不需要自行组织团购，直接参加大型网站举办的团购活动。因为电器利润较薄，小批量购买厂家不会给好的折扣，唯有大型门户网站，才能够谈成优惠力度足够的团购。

021 买材料时避免团购陷阱的技巧

团购诱惑如此之大，自然也有不良商家打着团购的幌子来招摇撞骗，不妨参考以下的团购基本守则，让你省钱又省心。

守则 1：不管是通过何种渠道团购，对购买的最终商品要有足够的了解。要选择信誉度高、售后服务可靠的商家，而且尽可能要求通过正规渠道提货。

守则 2：购买大件商品要求当场签订合同书，明确双方责、权、利，以免对方有理由不履行口头承诺。

守则 3：选择本土、现场式的团购，避免邮购、代购等容易出现误差的方式。

022 购买建材时正确应对商家返券的方法

返券是目前最受争议的优惠活动。家居装饰界一些“跨行业”的返券活动还是能够吸引颇多消费者的。享受返券时须关注主要消费目标是否能圆满实现，其次再考虑优惠。比如，一些装修公司号称装修送家具券，但是消费者应首先审核装修公司的实力和资质。

023 购买建材时正确应对商家打折的方法

直接打折比返券省事，又比抽奖实在，是消费者最喜欢的一种销售方式。但是，购买打折建材一定要保留好发票，因为打折商品虽然价格相对较低，但仍然须有质量保证，出现问题可以投诉，商场应承担相应责任。如碰到商家标明不退、不换的材料，建议消费者谨慎购买。

024 购买建材时正确应对商家赠送礼物的方法

赠送礼物建材城搞得比较多，如果消费者购买的量大，赠送的礼品额度也不低。比如买床送床头柜，买瓷砖赠送灯具等。对于商家赠送的商品，消费者应该要求其在购物凭证上写清赠送的商品名称、型号和件数，商家一样要承担质量责任。

025 购买建材时正确应对商家抽奖活动的方法

抽奖是建材城搞得最多又让消费者觉得最没谱的优惠，得到大奖的当然是少数。消费者一定要选择综合性的正规商城，该商城的品牌要兼有高中低档，这样有利于好钢使在刀刃上。抽奖心态一定要好，确认自己购买的是必需品，千万别为了抽奖而冲动消费。

026 避免装修材料成为室内污染源的技巧

装修材料是造成室内环境污染的主要污染源，因此要从源头抓起，控制污染。首先，在选择装饰材料时，要谨慎地使用污染严重有毒的材料作为装饰材料，减少污染物的产生。选择建筑装饰材料的依据是该种材料的有毒有害气体释放量符合标准，在装修过程中应尽量选择符合国家《室内装饰装修材料有害物质限量标准》中的 10 项系列标准的材料和有机污染物含量比较少的材料，实行环保绿色装修。

施工过程中要把好材料关，材料进场时必须有环境指标检验合格报告。当材料用量大时还应进行必要的抽检和复检，重点应以控制有害气体和挥发性有机化合物、放射性物质的含量为主要内容。

027 吸声及隔声材料易释放有毒物质

常用的吸声材料包括无机材料如石膏板等；有机材料如软木板、胶合板等；多孔材料如泡沫玻璃等；纤维材料如矿渣棉、工业毛毯等。隔声材料一般有软木、橡胶、聚氯乙烯塑料板等。这些吸声及隔声材料都可向室内释放多种有害物质，如石棉、甲醛、酚类、氯乙烯等，可产生使人不舒服的气味，引起眼结膜刺激、接触性皮炎、过敏等症状，甚至更严重的后果，因此，使用时要查看检验报告。

028 合成隔热板材易释放有毒物质

合成隔热板材是一类常用的有机隔热材料，主要品种有聚苯乙烯泡沫塑料、聚氯乙烯泡沫塑料、聚氨酯泡沫塑料、脲醛树脂泡沫塑料等。这些材料存在一些在合成过程中未被聚合的游离单体或某些成分，它们在使用过程中会逐渐逸散到空气中。另外，随着使用时间的延长或遇到高温，这些材料会发生分解，释放出许多气态的有机化合物，造成室内环境污染。这些污染物的种类很多，主要有甲醛、氯乙烯、苯、甲苯、醚类、甲苯二异氰酸酯（TDI）等。

029 涂料易释放有毒物质

涂料的组成一般包括膜物质、颜料、助剂以及溶剂，成分复杂。这些物质在使用过程中可释放甲醛、氯乙烯、苯、甲苯二异氰酸酯、酚类等有害物质。涂料所使用的溶剂基本上都是挥发性很强的有机物质，其作用是将涂料的成膜物质溶解分散为液体，使之易于涂抹，形成固体的涂膜，其本身不构成涂料，当它的使命完成以后就要挥发在空气中。因此，涂料的溶剂是室内重要的污染源，在购买时尤其要注意其有毒物质是否超标。

030 壁纸易释放有毒物质

装饰壁纸是一种墙面装饰材料，使用广泛。壁纸装饰对室内环境的影响主要是壁纸本身的有毒物质造成的。由于壁纸的成分不同，其影响也是不同的。天然纺织壁纸尤其是纯羊毛壁纸中的织物碎片是一种致敏源，可导致人体过敏。一些化纤纺织物型壁纸可释放出甲醛等有害气体，污染室内空气。塑料壁纸在使用过程中可向室内释放各种挥发性有机污染物，如甲醛、氯乙烯、苯、甲苯、二甲苯、乙苯等。因此，建议家里不要大面积铺贴壁纸。

031 人造板材及人造板家具易释放有毒物质

人造板材及人造板家具是室内装饰的重要组成部分。人造板材在生产过程中需要加入胶粘剂进行黏结，家具的表面还要涂刷各种油漆。这些胶粘剂和油漆中都含有大量的挥发性有机物，在使用这些人造板材和家具时，这些有机物就会不断释放到室内空气中。含有聚氨酯泡沫塑料的家具在使用时还会释放出甲苯二异氰酸酯，造成室内环境污染。因此购买时需要特别注意其质量检验报告，选用可靠的产品。

TIPS

许多调查发现，在布置新家具的房间中可以检测出较高浓度的甲醛、苯等几十种有毒化学物质，居室内的居民长期吸入这些物质后，可对呼吸系统、神经系统和血液循环系统造成损伤。另外，人造板家具中有的还加有防腐、防蛀剂如五氯苯酚，在使用过程中这些物质也可释放到室内空气中，造成室内环境污染。

032 地板胶也会释放甲醛

人们普遍认为，只有地板本身才会释放出甲醛，但在实际安装过程中，要使用大量的地板胶，地板胶能在地板块连接处形成胶膜，有效锁住地板中游离的甲醛。随之而来的问题是，地板胶是否环保，成为选用地板胶的主要衡量指标。优质地板胶价格昂贵，很多小作坊式的商家往往选用便宜的普通胶，甚至是价格更加低廉的劣质胶，在“品牌专用”和“全包价”的幌子下顺理成章地进入消费者家庭，带来环保隐患。

033 主要释放甲醛的装修材料

分类	内容
甲醛特性	无色刺激性气体
主要危害	可引起恶心、呕吐、咳嗽、胸闷、哮喘甚至肺气肿；长期接触低剂量甲醛，可以引起慢性呼吸道疾病、女性月经紊乱、妊娠综合征，引起新生儿体质降低、染色体异常，引起少年儿童智力下降；甲醛含量过高，使人产生白血病
主要来源	夹板、大芯板、复合木地板、板式家具等含有甲醛产品，塑料壁纸、地毯等大量使用胶黏剂的环节
相关标准	《室内空气质量标准》规定居室甲醛浓度应小于或等于 $0.08mg/m^3$

034 主要释放苯系物的装修材料

分类	内容
苯系物特性	室内挥发性有机物，无色，有特殊芳香气味
主要危害	致癌物质，轻度中毒会造成嗜睡、头痛、头晕、恶心、胸部紧束感等，并可有轻度黏膜刺激症状。重度中毒可出现眼睛模糊、呼吸浅而快、心律不齐、抽搐和昏迷
主要来源	合成纤维、油漆、各种油漆涂料的添加剂和稀释剂、各种溶剂型胶黏剂、防水材料
相关标准	《室内空气质量标准》规定居室甲醛浓度应小于或等于 $0.08mg/m^3$

035 主要释放氨的装修材料

分类	内容
氨的特性	一种无色、有强烈刺激性臭味的气体
主要危害	短期内吸入大量氨气后出现流泪、咽痛、声音嘶哑、咳嗽、痰中带血丝、胸闷、呼吸困难，可伴有头晕、头痛、恶心、呕吐、乏力等，严重可发生肺气肿、成人呼吸窘迫综合征
主要来源	北方少量建筑施工中使用的不规范混凝土抗冻添加剂引起，南方地区较少见
相关标准	《室内空气质量标准》规定居室内氨浓度≤ $0.2mg/m^3$

036 主要释放氡的装修材料

分类	内容
氡的特性	放射性惰性气体，无色、无味
主要危害	容易进入呼吸系统，逐步破坏肺部细胞组织，形成体内辐射，是继吸烟外第二大诱发肺癌的因素
主要来源	土、混凝土、砖、沙、水泥、石膏板、花岗岩所含放射性元素
相关标准	《室内空气质量标准》规定居室内氡浓度≤ $400Bq/m^3$

037 具有放射性的装修材料

分类	内容
放射性材料的特性	无色、无味、无形，很难描述其特征
主要危害	主要为镭、钾、钍三种放射性元素在衰变中产生的放射性物质。会造成人体内的白细胞减少，可对神经系统、生殖系统和消化系统造成损伤，导致癌症

续表

分类	内容
主要来源	各种石材包括天然花岗岩、大理石及地砖等，其中以花岗岩的放射性最大
相关标准	国家相关标准将其分为A、B、C三类，规定只有A类产品可用于写字楼和居室内

038 踢脚板和地板垫易释放有毒物质

① 踢脚板：作为强化木地板的主要配料，踢脚板也是暗藏的环保“杀手”。因为大多数木制踢脚板在生产过程中同样选用甲醛系胶粘剂进行胶合、贴面或上漆，而且，踢脚板的表面无法做到像地板表面一样致密，基材中的游离甲醛很容易释放出来。

② 地板垫：强化木地板在安装过程中，会在地面和地板之间铺设地板垫。在这个狭小的、被人遗忘的空间里，很容易滋生各类细菌，往往成为家庭环保的死角，所以，选用具有抑菌、抗菌、防腐功能的地板垫，是保证地板全面环保的重要一环。

对于地板胶、踢脚板、地板垫等这些强化复合木地板的配料、辅料来说，通过与地板搭售的方式蒙混过关谋取利益，已经成为一些地板商的惯用伎俩，而这也正成为家庭的环保隐患，所以购买时最好问清辅料的具体情况。

039 家庭装修中橱柜易造成污染

① 材质污染。橱柜体积至少占到厨房的1/3，其主要原料为人造板。如果材质不达标，就会存在污染，再加上厨房使用明火，温度高，会加速有害物质的挥发。

② 台面污染。不少人喜欢选用石材作为橱柜的台面，但花岗岩中有放

射物质存在；有些树脂合成的人造石中，使用的胶含苯和挥发性有机物等。

TIPS

在挑选整体橱柜时，最好亲自到店内，闻闻是否有很强的刺激性气味。许多厂家为了节约材料，只做局部封边处理，购买时要看清楚是否做了全部封边。尽量减少现场封边，因为现场操作很难做到密封，而工厂采用高温高压封边，封边后牢固、整洁。有些地方如需现场封边，也要用质量好的玻璃胶或透明胶，其防水效果好。同时，新装橱柜后，厨房要经常开窗，并且不要将厨房安排得太满。

040 家庭装修地面不能为了省钱而用一种材料

一般来说，地面的装饰材料有人造板、复合板和地砖等多种材料，单一使用一种材料，有可能导致某一种有害物质超标。比如，实木地板是最环保的，但有油漆，可能造成苯污染；复合地板含甲醛，只用这一种材料就容易造成甲醛超标。所以，地面不能为了省钱都用一种材料。

041 用达标材料不一定完全避免污染

达标材料的定义，是指有害物质释放量低于国家标准，如国家对人造板及其制品的甲醛释放规定的强制性国家标准为每升空气中不得超过15mg。但如果相同的材料在一定面积内大量累积使用，其有害物质也是累积的，最后有可能会造成装修好的房子有害物质超标。

042 没气味的装修材料不代表没污染

许多业主是凭借气味判断家中装修材料是否存在污染的。实际上，在造成室内污染的主要有毒有害气体中，有的是有气味的，如苯有少许芳香味，甲醛、氨则有强烈的刺激气味。而有些有毒气体虽然闻不到，却并不等于没有，一般超标严重到 4 倍以上才会使人直观感觉到。因此，凭气味来判断有无污染是不准确的，唯一科学的方法就是用科学仪器进行检测。

043 光通风不可以完全消除材料污染

大多数人都知道，新房装修好头半年内要通风然后才能入住，通风有助于甲醛、苯等有害物质的释放。但我们还要知道的是，甲醛的释放期在5年以上，有的长达15年，苯系物的释放期也在6个月到1年间。通风半年并不能使有害物质完全挥发，况且大多数人在新房装修好后往往通风不足3个月就搬入新居。

044 儿童房选用绿色环保装修材料的技巧

① 地面。儿童房的地面最好选用实木地板或环保地毯，这些材质天然环保，并具有柔软、温暖的特点，适合幼儿玩耍、学习爬走等。

② 墙面。儿童房的装饰装修，墙面以环保型织物墙纸做装饰比较好，既不怕涂画，又易于清洗。

③ 灯具。儿童房间里的灯具应该根据位置的不同而有所区别。顶灯要亮；壁灯要柔和；台灯要不刺眼睛。顶灯最好用多个小射灯，角度可任意调转，既有利于照明，又有利于保护儿童的眼睛。

045 儿童房的环保标准

根据国家有关规定，儿童房中室内主要环境指标有：一氧化碳每立方米小于 5mg；湿度应该保证在 30%~70%。其他的室内环境指标有：装饰装修工程中所用人造板材中的甲醛的释放量限量值应该小于 1.5mg/L；居住区大气中有害物质的最高容许浓度空气氨的标准是，每立方米空气中氨气的控制浓度为不超过 0.2mg。

儿童房装修后，一定要注意通风换气。据室内环境专家测试，室内空气置换的频率，直接影响室内空气有害物质的含量。越频繁地进行室内换气或使用空气过滤器、置换器等，空气中有害物质的含量就会越少。

PART 2

装修前期需提前选购的材料

在装修前期为了不耽误工期和更好地规划水电线路，一些基础材料和制作周期长的材料需要提前预订。例如，橱柜、厨具、水管电线、瓷砖和窗。

046 橱柜需要装修前期购买

橱柜应在准备装修前就定好，因为一旦装修进驻就需要改水和电，这时需要橱柜设计师根据橱柜的位置进行水电定位。例如，哪些位置需要留电源，留多少插座比较合适，插座的高度是多少等。还有，水管、煤气管同样需要根据橱柜的位置进行改造。

很多业主总在贴完砖后再来定橱柜，等橱柜设计师上门设计时才知道，产生了有些水管超过了台面，有些水管露在橱柜外面，电源插座该留的没留等问题。

047 厨具需要装修前期购买

橱柜设计师上门第一次测量应该在水电改造前，需要确定初步设计方案，应该对厨房有初步的想法，尤其是计划放置哪些电器，用什么烟机灶具等，以便设计师根据电器位置预留电源插座。第二次测量时要确定放置的电器、烟机型号，水槽、燃气灶的开孔尺寸等，这些都要提前确定好，测量完下单后将无法更改。所以这些厨具需要装修前期购买，以避免装修后期因为尺寸问题而无法放置。

048 水管电线需要装修前期购买

水管电线属于基础工程，开工就要使用，所以需要提前购买备用。隐蔽工程属于家装中比较重要的一个环节，但是大多数人都不太重视它，觉得小小的水管电线不值得花太多的时间购买。其实这种想法是不对的，水管电线关系到入住以后家里的用水、用电问题。而且，都是埋到墙里面，如果选择不当，一旦出现问题检修将会相当麻烦。

049 瓷砖需要装修前期购买

一般水电改造完就需要铺墙地砖了，所以一旦确定房屋的户型结构不会改变后，就可以提前预订瓷砖，甚至可以具体到瓷砖型号。因为有些瓷砖型号需要提前一到两周预订，为了不耽误工期，这类型的瓷砖应在施工前预订好。而且瓷砖品种较为统一，用量大，提前选择在节假日团购，还可以省下一大笔钱。

050 窗需要装修前期购买

窗经常安装的位置是朝南面的阳台，而阳台是需要贴地砖与墙砖的，这就需要在泥瓦工施工前将窗安装好，以不妨碍后期瓷砖施工的进度。因此，窗需要在前期购买，前期安装。另外，窗是一种需要定制、有制作周期的材料，时间虽不像套装门一样需要半个月的时间，但也要一周左右。

051 整体橱柜的组成部分

类 别	内 容
柜体	按空间构成包括装饰柜、半高柜、高柜和台上柜；按材料组成又可以分成实木橱柜、烤漆橱柜、模压板橱柜等
台面	包括人造石台面、石英石台面、不锈钢台面、美耐板台面等
橱柜五金配件	包含门铰、导轨、拉手、吊码，其他整体橱柜布局配件、点缀配件等
功用配件	包含水槽（人造石水槽和不锈钢水槽）、龙头、上下水器、各种拉篮、拉架、置物架、米箱、垃圾桶等整体橱柜配件
电器	包含抽油烟机、消毒柜、冰箱、炉灶、烤箱、微波炉、洗碗机等

续表

类　别	内　　容
灯具	包含层板灯、顶板灯，各种内置、外置式橱柜专用灯
饰件	包含外置隔板、顶板、顶线、顶封板、布景饰等

052 整体橱柜的一般规格

根据人体工程学原理，一个厨房地柜台面的高度应根据使用者的身高和使用功能的不同而不同。如灶台柜高度应该最低，因为灶台火眼加上炒菜锅的高度才是使用者的操作高度；而水盆柜的高度应为最高，因为操作的界面在水盆的盆底。操作台的高度介于水盆柜和灶台柜之间。吧台的高度在110~130cm都是可以的。综上所述，地脚10cm＋地柜72cm＋台面4cm=86cm的高度为一般厨房台面的高度。

053 签订橱柜订购单的方法

经过充分了解市场，对各橱柜厂家的产品质量、服务、实力、式样有了明确的认识，确定厂家后，要签订一个订单并预交一部分订金。此订金待签订合同后返还。

054 整体橱柜预约量尺的时间

签订订单后，客户可要求设计师上门测量。由于设计厨房是一项专业工作，因此，找一个经验丰富的设计师可以起到事半功倍的效果。橱柜设计师设计厨房，需要由客户、测量设计师、家装公司施工人员三方一起规划厨房布局，确定水路、电路、电器位置。测量设计师应给出水路、电路图，并合乎施工标准。

055 设计橱柜的方法

当水路、电路及墙地砖全部到位后，测量准确尺寸能保证整体厨房严丝合缝。需要注意：烹饪区、洗涤区、储藏区、料理区是否有足够的空间；吊柜高度、台面高度是否符合人体工程学和烹饪者的实际需求；橱柜以外的空间是否可以满足正常的操作要求。

056 客户信息确认单的内容

客户信息确认单是由客户和设计师对厨房间的细节问题进行确认，以便设计师能做出正确的设计方案。确认的内容包括设计师的初测信息和复测信息，如厨房内管道和煤气表是否有改动、水电排布是否正确、开关和插座的位置等。另外，还有客户自购件信息，主要是各类电器的尺寸和安装位置。

很多公司对于这部分内容都是由设计师单方面记录或口头约定的。以书面合同来约定一方面可以避免设计师出错，而万一出错也避免了责任不清、互相推诿的问题。

057 整体橱柜实木门板的特点

实木门板具有温暖的原木质感、天然环保、坚固耐用，且名贵树种有升值潜力。缺点是价格昂贵，外形变化较少，后期养护麻烦，对环境的温度和湿度都有要求。较适合对橱柜外观要求一般，注重实用功能的中、高档装修者。

058 整体橱柜吸塑门板的特点

吸塑又名模压，采用中密度板为基材，用雕刻镂铣图案成型后，表面用 PVC 膜贴面，进口的 PVC 膜色彩丰富，木纹逼真且具有立体感，单色色度纯艳，不开裂、不变形，耐划、耐热、耐污、防褪色，加工此种高档门板需大型的进口设备。吸塑门板优劣一般根据PVC膜的品牌来区分的，国产吸塑PVC厚度在0.17mm左右，成本低，质量不稳定、基材差、易变形。欧洲材质的PVC厚度一般在0.35mm，材质精良，环保性能良好，外观细腻，具有阻燃性能等特点，属高档橱柜门首选。

059 整体橱柜三聚氰胺饰面门板的特点

三聚氰胺饰面门板具有表面平整、不易变形、色泽鲜艳、耐磨、耐腐蚀、耐高温、抗渗透、易清洗的优点。配上本色封边条，给人一种浑然一体的视觉效果。非常适合厨房的特殊环境，更迎合橱柜"美观实用"的需求。三聚氰胺饰面门板是理想的橱柜门及箱体用材，是当今橱柜的主流类型。

060 整体橱柜金属质感型门板的特点

金属质感门板具有极好的耐磨、耐高温、抗腐蚀性能且日常维护简单，纹理细腻，极易清理，寿命长。它大胆前卫极具个性化风采与时代感，冷静气质给烦劳的厨房生活带来清凉气息。但是，它属于新型材料，价格昂贵，风格感过强，比较适合追求与世界流行同步的高档装修者。

061 整体橱柜烤漆门板的特点

烤漆门板色泽鲜艳、易于造型，具有很强的视觉冲击力，且防水性能极佳，抗污能力强，易清理。与其他种类装饰门板相比较具有极好的装饰作用，尤其是其颜色的丰满度、亮度、层次感及多样可选性是其他种类装饰门板所不能比拟的。缺点是工艺水平要求高，价格居高不下；怕磕碰和划刮，一旦出现损坏很难修补；用于油烟较多的厨房中易出现色差。比较适合对外观和品质要求比较高，追求时尚的年轻高档装修者。

062 整体橱柜防火门板的特点

防火门板颜色比较鲜艳，耐磨、耐高温、抗渗透、容易清洁、价格实惠。但是，其款式多为平板，无法创造凹凸、金属等立体效果，时尚感稍差。比较适合对橱柜外观要求一般，注重实用功能的中、低档装修者。

063 整体橱柜包复框型门板的特点

包复框型门板门框基材为中密度板，外包 PVC。它的优点是色彩丰富，边框与双饰板任意搭配，充分体现个性时尚，日常维护清理方便、简单，而且边框加芯板结构稳定、不变形且无需封边。此门板体现了现代人的理想选择。

064 整体橱柜 UV 门板的特点

UV 门板表面有亮光处理，色泽鲜艳，具有很强的视觉冲击力，耐磨，抗化学性强，使用寿命长，不变色，易清理，对机械设备和工艺技术要求高，是比较理想的板材。但是，价格相对较高。

065 天然石橱柜台面的特点

天然石包括具有各种天然纹路的大理石和花岗石，它们较为美观、质地坚硬、手感冰冷、密度大、硬度高、耐磨防刮伤性能十分突出，是较为传统的台面材料。比较常用的是白花和黑花两种。但由于其非常坚硬，弹性不足，如遇重击会产生裂缝，而且它的缝隙易滋生细菌。

天然石不可能太长，不可能做成通长的整体台面，两块拼接不能浑然一体，其接缝处容易积存污垢，滋生细菌，影响卫生。天然石台面价位随花色不同而各有差异，最为常用的几种一般在 200 元 / 延米左右，属于最为经济、实惠的一种台面材料。

066 天然石橱柜台面的保养方法

① 一般天然石橱柜台面应尽量选深色，因为浅色的可能会渗油。

② 注意天然石的花色，不能哪个好看用哪个，它们有可能是经过染色或者风化补丁处理后的效果。

③ 如果台面上附着油污，宜用软百洁布等擦拭，不能用甲苯类清洁剂擦，否则会留下难以清除的花白斑。

④ 清除水垢时，不能使用酸性较强的清洁剂，否则会损坏釉面，使其失去光泽。

067 人造石橱柜台面的特点

人造石绚丽多彩，质地均匀，表面无毛细孔，水渍油污不容易渗入其中，抗污力强，常被称为高分子实心板。人造石台面材料具有极强的耐酸、耐腐蚀、耐磨损、耐高温、抗冲、抗渗透和易于清洁等优点，既具有天然大理石的优雅和花岗石的坚硬，又具有木材般的细腻和温暖感。而且，人造石和天然石相比，不含某些不利于人体健康的放射性元素。

068 人造石橱柜台面的保养方法

① 人造石台面要防止水中漂白剂和水垢使台面颜色变浅，影响美观。

② 在实际使用中，避免与高温物体如热锅等直接接触，可以多放一些锅垫或餐垫。

③ 清理污迹和脏物时，用肥皂水或含氨水成分的洗洁剂清洗。

④ 水渍要用湿抹布除去，再用干抹布擦干净。

069 不锈钢橱柜台面的特点

不锈钢台面坚固、光洁、明亮、耐用，易于清洁，实用性较强。与其他台面相比，不锈钢台面的抗菌再生能力最强，环保、无辐射，而且价格非常实惠。对于注重实用又喜爱金属质感的人来说，可以选购不锈钢台面。

070 不锈钢橱柜台面的保养方法

① 应避免使用硬度较高的清洁工具，如钢丝球等，过硬的清洁工具容易造成其表面起毛、表面刮伤等现象。

② 清洁剂的选择也忌选择酸性和摩擦性的产品，去油漆剂、金属清洗剂等也绝对不可使用。

③ 化学作用对不锈钢台面有侵蚀作用，如沾到盐分就有可能生锈。

071 防火板橱柜台面的特点

防火板台面具有防污、防刮伤、防烫、防酸碱性等优点，且可与柜体连成一体。它的基材是密度板，表层是防火材料和装饰贴面，基材容易吸水膨胀。

072 防火板橱柜台面的保养方法

① 使用完毕后应尽快将积水、水渍擦干，避免长期浸水，防止台面开胶变形。

② 用刀具时应在台面上垫上砧板，烹饪后热锅不能立即置于台面上。

073 刨花板橱柜柜体的特点

刨花板是把木材或非木材植物原料通过专用设备加工成一定形态的刨花，加入适量的胶粘剂和辅料，在一定温度和压力作用下，压制成的大幅面板材。

刨花板是环保型材料，能充分利用木材原料及加工剩余物，成本较低。其特点是幅面大，表面平整，易加工，但普通产品容易吸潮、膨胀。刨花板表面覆贴三聚氰胺或装饰木纹纸以及喷涂处理，已被广泛应用在板式家具生产制造上，其中包括现代橱柜家具生产方面。

074 细木工板橱柜柜体的特点

细木工板俗称为“大芯板”，是木料经锯刨机加工成同一标准规格的木条，再经胶拼制成芯材板，然后再于正反两面胶贴薄木后，即为细木工板产品。目前国内用于橱柜加工的细木工板多为 20~25mm 厚度规格。细木工板具有幅面大，易于锯裁，材质韧性强、承重力强，不易开裂，板材本身具有防潮性能、握钉力较强、便于综合使用与加工等物理特点。

075 中密度纤维板橱柜柜体的特点

中密度纤维板是将经过挑选的木材原料加工成纤维后，施加脲醛树脂和其他助剂，经特殊工艺制成的一种人造板材。目前，市场上 60 元左右一张的中密度板，是最低档的一类产品。采用这种类型板材加工橱柜产品，根本无法保证质量。加入特殊防水剂及特制的胶合剂加工而成的板材，强度高且防水性能极强，但价格比较高。

076 整体橱柜柜体的保养方法

实木橱柜、烤漆橱柜和模压板橱柜都应避免室外阳光对橱柜整体或局部的长时间暴晒；避免硬物划伤；避免用酒精、汽油或其他化学溶剂清除污渍。其中，实木橱柜可用温茶水将污渍轻轻去除，等到水分挥发后在原部位涂上少许光蜡，然后轻轻地擦拭几次以形成保护膜。

077 水泥橱柜柜体的特点

如果厨房空间够用，可以设计一个水泥橱柜，这比购买整体橱柜要省钱得多。具体做法是先用水泥砌好橱柜，然后台面找橱柜公司，选玻璃胶粘合人造石板，露在外面的部分贴上瓷砖或者上漆。需要注意的是：电器要预先挑选好，量好尺寸，这样才能够和橱柜严丝合缝。

078 整体橱柜地柜尺寸

橱柜距离地面的标准尺寸高度应在 70~80cm 为宜，此高度的橱柜可以减少下厨者弯腰程度，有效缓解疲劳，适合身高 1.55~1.75m 的业主使用。此外，灶台的高度以距地面 70cm 左右为宜，橱柜设计时最好把灶台设计成镶嵌在橱柜台面里，这样不会抬高灶台与地面的高度，既美观又好看。

079 整体橱柜吊柜尺寸

橱柜设计中的吊柜尺寸也有标准，吊柜的高度一般以 50~60cm 为宜，深度在 30~45cm 为宜，柜子的间隔宽度不应该大于 70cm，在设计操作台上方的吊柜时，一定要以能使主人操作时不碰头为宜，吊柜与操作台之间的距离应该在 55cm 以上。

080 整体橱柜按延米计价陷阱多

延米价从表面上看比较快捷、简便、但是延米报价概念比较模糊，对于延米没有严格的标准，给许多厂家留下“弹性操作”的空间。延米价中不包含五金功能件，而且橱柜设计越复杂，成本越高，所以很多厂家为了节约成本，设计时尽量采用大单元和装饰板，这样可以满足米数的要求，但是却满足不了厨房的功能需求，然后再推荐添加各种功能，让用户不知不觉中陷进去，然后随着厂商的圈套越陷越深，最终的价格远远超出一开始的价格。

081 整体橱柜按单元计价最划算

国际上的惯例算法是采用单元计价方式，它克服了延长米报价的不透明性、不合理性。现在市场上的正规厂家对柜子的每一种标准都有相应的报价，你可以根据所买的部件来分项计算，价格清晰明了，一目了然。你可以知道每一件橱柜花了多少钱，通常像铰链等五金件的价格都会含在柜体价格里，甚至每一个拉手和抽屉你都会很清楚。

082 整体橱柜的价格差别大的原因

通常橱柜的价格差别主要来自于其使用的门板材料，例如，板材是不是进口的、是否用了水晶板等。业主应本着实用的角度去考虑，没有必要贪图多而全，够用就好。一般进口的台面售价达到每米千元甚至更高，而事实上，每米几百元的普通台面已经能够达到基本的使用要求。

083 整体橱柜的选购技巧

① 看宣传资料。正规的公司宣传资料有标准的 LOGO 及注册商标。一般包括整个公司的厂房介绍、生产设备介绍、生产能力介绍、设计能力介绍、样品展示、材料种类及其性能的介绍、服务承诺等。
② 看外表质感。门板必须无高低起伏状态，门缝必须整齐划一，间隙大小统一。门板开启自如。抽屉进出无噪声。台面颜色无色差，无拼缝。
③ 看是否有爆边。看门板有无爆边现象。打开柜门看层板是否有调节孔，层板的调节孔一般整齐划一，孔的四周无爆口现象。正规厂家备有专业开槽机，槽口两边光滑、整洁，无爆边现象。
④ 看侧面修边部分。侧面修边部分颜色是否与正面一致、封边部分有没有油性擦过的痕迹，因为劣质封边条修出来的边，如果用油擦过就会封闭细孔。
⑤ 看吊柜吊码。一般要询问吊柜吊码是否可调节，正规厂家都是采用吊码安装法，柜体装上后，高低及左右都可以适当调节。柜体拆卸，螺钉一起就了事，而且柜体内也相当整洁。

084 厨房主要用具类别

类　别	内　　容
吸油烟机	抽油烟机又称吸油烟机，是一种净化厨房环境的厨房电器。它安装在炉灶上方，能将炉灶燃烧的废物和烹饪过程中产生的对人体有害的油烟迅速抽走，排出室外，减少污染，净化空气，并有防毒、防爆的安全保障作用
燃气灶	燃气灶是指以液化石油气、人工煤气、天然气等气体燃料进行直火加热的厨房用具

续表

类别	内容
水槽	水槽是厨房的清洗用具。在饭前准备和饭后清理工作中，有超过 65% 的时间直接与水槽有关，故选用一个美观、性能良好、清洁干净的水槽非常必要
消毒柜	消毒柜是进行杀菌消毒、保温除湿的工具，避免了病从口入和碗筷的二次污染

085 台式燃气灶的特点

台式燃气灶分为单眼和双眼两种，由于台式燃气灶具有设计简单、功能齐全、摆放方便、可移动性强等优点，因此受到大多数家庭的喜爱。

086 嵌入式燃气灶的特点

嵌入式燃气灶是将橱柜台面做成凹字形，正好可嵌入煤气灶，灶柜与橱柜台面成一平面。嵌入式燃气灶从面板材质上分，有不锈钢、搪瓷、玻璃以及特氟隆（不沾油）4 种。嵌入式灶具美观、节省空间、易清洗，令厨房显得更加和谐和完整，更方便了与其他厨具的配套设计，营造了完美的厨房环境。因此，受到了广大业主的喜爱，很多家庭在装修新房时都选用了这种类型的燃气灶具。

087 下进风型嵌入式燃气灶的特点

这种灶具增大了热负荷及燃烧器，但要求橱柜开孔或依靠较大的橱柜缝隙来补充燃料所需的二次空气，同时利于泄漏燃气的排出。国内很少将橱柜开孔，因而导致燃料不充分、黄焰、一氧化碳浓度高等缺陷，一旦燃气泄漏量较大，可能会造成点火爆燃，并导致玻璃类灶台面板爆裂。这种产品的燃烧值很难达到国家标准。

088 上进风型嵌入式燃气灶的特点

这种灶具改进了下进风型灶具的缺点，将炉头抬高，超过台面，目的是使空气能够从炉头与承液盘的缝隙进入，但仍然没能解决黄焰及一氧化碳浓度偏高的问题。

089 后进风型嵌入式燃气灶的特点

这种灶具在面板的低温区安有一个进风器，以解决黄焰问题和降低一氧化碳浓度。泄漏的燃气也可以从这个进气口排出去，即使燃气泄漏出现点火爆燃，气流也可以从进风器尽快地排放出去，迅速降低内压，避免台面板爆裂。

090 选择燃气灶时需查看燃气灶标识

检查产品标签上的适用燃气种类与家里的构造是否一致。如果灶具上找不到适用燃气种类的标签，这种灶具肯定是不合格品，绝对不能买。

091 选择燃气灶时需查看燃气灶炉头

炉头材料主要以不锈钢、铸铁及铜制锻压为主，由于炉头长时间被火烧烤，易发生变形，因此炉头材质及厚度都很重要，一般情况下炉头越重越好。

092 选择燃气灶时需查看灶面材料

灶面材料主要有不锈钢和钢化玻璃两种，不锈钢灶面材料结实，但一些劣质产品灶面厚度不足 0.3mm，在使用中容易造成人身伤害。玻璃灶面美观大方，易于清洁，长期使用后依然能光亮如新，但若买到劣质品，则在使用过程中易发生玻璃爆裂现象。

093 燃气灶的保养常识

① 用肥皂水检查供气管道的接口处是否有泄漏，橡胶软管是否老化出现裂纹。

② 定期清理火盖上的火孔，防止堵塞。

③ 灶具火盖损坏后，一定要购买原厂产品，不能随意更换，以免造成灶具燃烧状态不良。

④ 进气软管长期使用会老化或破损，形成安全隐患。因此，进气软管有老化现象时应及时更换，切不可用胶布粘补后继续使用。

094 厨房水槽在形态上的种类

分类	概　述
单槽	单槽往往在厨房空间较小的家庭中使用。单槽使用起来不方便，只能满足最基本的清洁需要
双槽	双槽是现在大多数家庭使用的。双槽可以满足清洁及分开处理的需要
三槽	三槽多为异形设计，比较适合具有个性风格的大厨房，因为它能同时进行浸泡或洗涤以及存放等多项功能，因此这种水槽很适合别墅等大户型

095 厨房水槽的材质类型

水槽材质种类很多，有不锈钢、人造结晶石和陶瓷等。其中，不锈钢水槽占到了绝大多数。由于不锈钢水槽易于清洗、重量轻而且耐腐蚀、耐高温、耐潮湿，因此，是业主家用的首选。不过，现在的不锈钢水槽在外观上更具个性化，最新的不锈钢磨砂水槽和不锈钢压花水槽正渐渐成为主流。

096 不锈钢水槽的款式

不锈钢水槽有亚光、抛光、磨砂等款式，它不仅克服了易刮伤、有水痕等缺点，而且高档水槽更具有良好的吸声能力，能够把洗刷餐具时产生的噪声减至最低。不锈钢水槽的尺寸和形状多种多样，它本身具有的光泽能让整个厨房更具现代感。

097 人造结晶石水槽的特点

人造结晶石是人工复合材料的一种，由结晶石或石英石与树脂混合制成。这种材料制成的水槽有很强的抗腐性、可塑性强且色彩多样。与不锈钢水槽的金属质感比起来，它更为温和，而且多样的色彩可以迎合各种整体厨房设计。

098 花岗岩混合水槽的特点

花岗岩混合水槽是由 80%的天然花岗岩粉混合了丙烯酸树脂铸造而成的产品，属于高档材质。其外观和质感就像纯天然石材一般坚硬、光滑，水槽表面显得更加高雅、时尚、美观、耐磨。

099 水槽的选购技巧

① 选购不锈钢水槽时，先看不锈钢材料的厚度，以 0.8~1.0mm 厚度为宜，过薄影响水槽的使用寿命和强度，过厚容易损害餐具。

② 其次，再看表面处理工艺。高光的光洁度高，但容易被刮划；砂光的耐磨损，却易聚集污垢；亚光的既有高光的亮泽度，也有砂光的耐久性，一般选择较多。

③ 使用不锈钢水槽，表面容易被刮划，所以其表面最好经过拉丝、磨砂等特殊处理，这样既能经受住反复磨损，也能更耐污，清洗方便。

④ 选择陶瓷水槽重要的参考指标是釉面光洁度、亮度和陶瓷的吸水率。光洁度高的产品颜色纯正，不易挂脏积垢，易清洁，自洁性好。陶瓷吸水率越低的产品越好。

⑤ 人造石水槽用眼睛看颜色清纯，不混浊，表面光滑，用指甲划表面无明显划痕，最重要的是看质检证书、质保卡等证件是否齐全。

100 各类抽油烟机的区别

分类	特点	优点	缺点
中式抽油烟机	采用大功率电动机，有一个很大的集烟腔和大涡轮，为直接吸出式，能够先把上升的油烟聚集在一起，然后再经过油网将油烟排出去	生产材料成本低，生产工艺也比较简单，价格适中	占用空间大，噪声大，容易碰头、滴油；使用寿命短，清洗不方便
欧式抽油烟机	利用多层油网过滤（5~7层），增加电动机功率以达到最佳效果，一般功率都在300W以上	外观设计美观时尚，因为功率小所以噪声也较小，适合喜欢清淡口味的家庭	根据国外饮食习惯设计，所以抽油效果一般，占据空间较大，容易出现滴油、碰头现象，同时价格昂贵
侧吸式抽油烟机	利用空气动力学和流体力学设计，先利用表面的油烟分离板把油烟分离再排出	抽油效果好，省电，清洁方便，不滴油，不易碰头，不污染环境	样子难看，不能很好地和家具整体融到一起

101 选择抽油烟机时需查看风压值

风压是指抽油烟机风量为7m^3/ min时的静压值，国家规定该指标值大于或等于80Pa。风压值越大，抽油烟机抗倒风能力越强。

102 选择抽油烟机时需查看风量值

风量是指静压为零时抽油烟机单位时间的排风量，国家规定该指标值大于或等于 7m^3/min。一般来说，风量值越大，抽油烟机越能快速、及时地将厨房里大量的油烟吸排干净。

103 选择抽油烟机时需查看电机输入功率

抽油烟机的型号一般规定为“CXW-□-□”，其中第一个“□”中的数字表示的就是主电机输入功率。抽油烟机的输入功率并非越大越好，因为提升功率是为了提升风量和风压，若风量、风压得不到提高，增大功率也没用；同时，功率越大，可能噪声也越大。

104 选择抽油烟机时需查看噪声指标

噪声也是衡量抽油烟机性能的一个重要技术指标，它是指抽油烟机在额定电压、额定频率下，以最高转速档运转，按规定方法测得的 A 声功率级，国家规定该指标值不大于 74dB。

105 选择抽油烟机时需查看细节

一定要买易清洗的抽油烟机，罩烟结构的内层一定不能有接缝和沟槽，必须是双层结构而且一体成型，否则就会积满油污和油滴，时间一长，不但难以清洁，还会漏油、滴油。再者，还要了解有没有双层油网设计，确认油烟机内不沾油，是不是真正免拆洗。

106 在储油盒里撒肥皂粉帮助清洗抽油烟机

抽油烟机在使用前，可将两只储油盒里撒上薄薄一层肥皂粉，再注入约 1/3 的水，这样回收下来的油会漂在水面上，较容易清洗。

107 清洗抽油烟机的步骤

清洁抽油烟机时，首先要切断电源，之后用螺丝刀拧下机壳上的螺钉，将机壳和油网取下，如果油网上的油垢很厚，则先用工具将油垢轻轻刮拭下来，然后放入混有中性洗涤剂的温水中，浸泡三分钟后，用干净的抹布擦拭干净即可。

108 高压蒸汽法清洗抽油烟机的技巧

具体做法是在高压锅内放半锅冷水加热，待有蒸汽不断排出时取下限压阀，打开抽油烟机将蒸汽柱对准旋转着的扇叶，油污水就会循着排油槽流入废油盒里。

109 “免拆洗”抽油烟机不是真正的不用拆洗

油烟的分子的直径只有十几个“埃”大小，大概只有一根发丝的百万分之一，可以说是无孔不入。免拆洗油烟机由于无法对烟机的内部做保养，于是进入到内腔的油污会越来越多，油污逐渐在内腔呈不规则沉积，使电机的负担加重导致损耗，运转效率大大降低，吸油烟效果大打折扣，严重缩短抽油烟机的使用寿命。

市面上的抽油烟机还存在着“自动清洗”的说法。清洗的原理是把抽油烟机的涡轮缠上类似于生活中烧水用的加热棒进行加热。加热棒的功率过低，即使加热十分钟也不会让已经变黏的焦油融化。所以自清洁根本无法清除油烟机内部的油垢，只不过是个概念的炒作而已。

110 家用水管的规格

类　别	规　　格
给水管	一般总管要用 6 分管，分管可选用 4 分管或 6 分管
排水管	40mm 的一般用于台盆下水、地漏下水和阳台下水；50mm 的一般用于厨房下水；75mm 的一般用于厨房、阳台、台盆等的总排水；110mm 的一般用于马桶下水、外墙下水

111 老房子所用的镀锌管需要更换

镀锌管作为水管，使用几年后，管内产生大量锈垢，流出的黄水不仅污染洁具，而且夹杂着不光滑内壁滋生的细菌，锈蚀造成水中重金属含量过高，严重危害人体的健康。住房和城乡建设部等四部委发文明确规定 2000 年起禁用镀锌管，所以建议老房子及时更换水管。

112 冷水管与热水管的区别

冷、热水管的壁厚不同，承受的压力也不同，冷水管是 16kg，热水管是 25kg。热水管的导热系数是金属管的 1/200，冷水管不存在导热系数，热水管可以通冷水但是冷水管不可以通热水。有冷热之分主要是从经济实惠的角度考虑，毕竟两者的价格不同。如果经济条件允许，全部采用热水管也是可以的。

113 铝塑复合管的特点

铝塑复合管是新一代的新型环保化学材料，内外层是聚乙烯塑料，中间层是铝材，集塑料与金属管的优点于一身，经热熔共挤复合而成。介质温度为 -40~60℃，额定工作压力一般为 1.0MPa。铝塑管工作温度一般为 95℃以下，额定工作压力一般为 1.0MPa。

TIPS

铝塑复合管和其他塑料管道的最大差别是它结合了塑料和金属的长处，具有独特的优点：机械性能优越，耐压较高；采用交联工艺处理的交联聚乙烯（PEX）做的铝塑复合管，耐温较高，可以长期在 95℃的温度下使用并抗气体的渗透，且热膨胀系数低。

114 铝塑复合管的应用技巧

铝塑复合管有较好的保温性能，内外壁不易腐蚀，内壁光滑，对流体阻力很小，又可随意弯曲，所以安装施工方便。作为供水管道，铝塑复合管有足够的强度，但若横向受力太大，则会影响强度，所以宜作明管施工或埋于墙体内，不宜埋入地下。

115 铝塑复合管的选购方法

① 检查产品外观。品质优良的铝塑复合管一般外壁光滑，管壁上商标、规格、适用温度、米数等标识清楚，厂家在管壁上还打印了生产编号；而伪劣产品一般外壁粗糙、标识不清或不全、包装简单、厂址或电话不明。

② 细看铝层。好的铝塑复合管在铝层搭接处有焊接，铝层和塑料层结合紧密，无分层现象，而伪劣产品则不然。

116 PP-R 管的特点

① 耐腐蚀、不易结垢，消除了镀锌钢管锈蚀结垢造成的二次污染。耐热，可长期输送温度为 70℃以下的热水。

② 保温性能好，20℃时的导热系数仅约为钢管的 1/200，紫铜管的 1/1400。

③ 卫生、无毒，可以直接用于纯净水、饮水管道系统。

④ 重量轻，强度高，PP-R 密度为 0.89~0.91g/cm^3，仅为钢管的

1/9，紫铜管的 1/10。

⑤ 管材内壁光滑，不易结垢，管道内流体阻力小，流体阻力远低于金属管道。

117 PP-R 管的选购技巧

① PP-R 管有冷水管和热水管之分。无论是冷水管还是热水管，管材的材质是一样的，其区别只在于管壁的厚度不同。

② 注意冷、热水管的材质。目前，市场上较普遍存在管件、热水管用较好的原料，而冷水管却用 PP-B（PP-B 为嵌段共聚聚丙烯）冒充 PP-R 的情况。不同材料的焊接因材质不同，焊接处极易出现断裂、脱焊、漏滴等情况，在长期使用下成为隐患。

③ 应注意管材上的标识。产品名称应为“冷热水用无规共聚聚丙烯管材”或“冷热水用 PP-R 管材”，并有明示执行的国家标准“GB/T 18742.2—2002”。当发现产品被冠以其他名称或执行其他标准时，应引起注意。

118 可用于地板采暖的水管种类

可用于地板采暖的塑料管材有：交联聚乙烯管（PE-X）、交联铝塑复合管（XPAP）、耐热聚乙烯管（PE-RT）、无规共聚聚丙烯管（PP-R）、嵌段共聚聚丙烯管（PP-B）和聚丁烯管（PB）等。

119 购买上下水管时应注意的问题

目前，国际上使用最多的是铜管。铜管无论在抗高低温、强度、环保和卫生方面都有明显优势。铜管在发达国家或地区的给排水系统中都占垄断地位。但是在国内，铜管的使用率一直不高。由于镀锌管易生锈、积垢、不保温，而且会发生冻裂，将被逐步淘汰。目前，使用最多的是铝塑复合管、塑钢管、PP-R 管。这些管子有良好的塑性、韧性，而且保温、不开裂、不积垢，采用专用铜接头或热塑接头，质量有保证、能耗少。不过，目前 PP-R 管的伪劣产品很多，市场很不规范，千万不能贪便宜。

120 下水管道的清洁技巧

可以使用专业的管道养护剂定期对下水管道清洗及消毒、杀菌，保持下水管道通畅，避免管道成为病菌繁殖的温床。在选用养护产品和疏通产品时，要注意产品的安全性，尽可能选择除菌率高、经专业权威机构检测合格的产品。

121 家用电线的规格

空间	规格
客厅	电视用 SYV-75-5 的视频线、空调用 BV4mm^2 铜芯线、饮水机 2.5mm^2 的 BV 铜芯线、照明灯 3 组用 1.5mm^2 的铜芯线、取暖器用 2.5mm^2 的铜芯 BV 线
厨房	冰箱用 2.5mm^2 的 BV 线、厨宝用 2.5mm^2 的 BV 线、抽油烟机用 2.5mm^2 的 BV 线、电饭锅用 2.5mm^2 的 BV 线、电磁炉用 2.5mm^2 的 BV 线、消毒柜用 4mm^2 的 BV 线、照明灯 2 组用 1.5mm^2 的 BV 线
卧室	照明灯用 1.5mm^2 的 BV 线、取暖器用 2.5mm^2 的 BV 线、空调用 BV4mm^2 铜芯线
卫生间	浴霸用 4mm^2 的 BV 线、热水器用 4mm^2 的 BV 铜芯线

122 家用电线的种类

家庭装饰装修所用的电线一般分为护套线和单股线两种。护套线为单独的一个回路，外部有 PVC 绝缘套保护，而单股线需要施工人员来组建回路，并穿接专用 PVC 线管方可入墙埋设。电线以卷计量，一般情况下每卷线材应为 100m，其规格一般按截面面积划分，现在也有每卷 25m、50m 等多种规格的电线。

TIPS

接线选用绿黄双色线，接开关线（火线）用红、白、黑、紫等任一种。但在同一家装工程中，用线的颜色与用途应一致。穿线管应用阻燃 PVC 线管，其管壁表面应光滑，壁厚要求达到手指用劲捏不破的强度，而且应有合格证书，也可以用国标的专用镀锌管做穿线管。为了防火、维修方便及安全，最好选用有认证标志的“国标”铜芯电线。

123 选择电线时需查看标志

选购电线时需要查看成卷的电线包装牌上有无中国电工产品认证标志和生产许可证号；再看电线外层塑料皮是否色泽鲜亮、质地细密，用打火机点燃应无明火。非正规产品使用的是再生塑料，色泽暗淡，质地疏松，点燃有明火。

124 选择电线时需查看长度、比价格

如 BVV2×2.5 每卷的长度是 100±5m，市场售价 280 元左右；非正规产品长度多在 60~80m 不等。有的厂家把绝缘外皮做厚，使内行人士也难以看出问题，但可以数一下电线的圈数，然后乘以整卷的半径，就可大致推算出长度。这种非正规产品价格在 100~130 元。可以要求商家剪一个断头，看是否为铜芯材质。2×2.5 铜芯直径为 1.784mm，可以用千分尺量一下。正规产品电线使用精红紫铜，外层光亮而稍软。非正规产品铜质偏黑而发硬，属再生杂铜，电阻率高，导电性能差，会升温而且不安全。BVV 是国家标准代号，为铜质护套线，2×2.5 代表 2 芯 2.5mm^2；4×2.5 代表 4 芯 2.5mm^2。

125 选择电线时的技巧

在选购电线时，应注意电线的外观应光滑、平整，绝缘和护套层无损坏，标志印字清晰，手摸电线时无油腻感。

从电线的横截面看，电线的整个圆周上绝缘或护套应有一定的厚度，且应均匀，不偏芯。

126 选择电线时需查看其横截面

业主在选购电线时应注意导体线径是否与合格证上明示的截面相符，若导体截面偏小，容易使电线发热引起短路。建议家庭照明线路用电线采用 1.5mm^2 及以上规格；空调、微波炉等功率较大的家用电器采用 4mm^2 及以上规格的电线。

127 快速辨别电线里的铜线直径的技巧

如果没有目测的经验，可以把铜芯紧密缠绕在圆柱体（比如铅笔）上面，绕 10 圈后，用钢卷尺或者直尺测量后结果除以 10 就是直径。

128 家用电线的保养技巧

① 电线不要受潮，受热，受腐蚀或碰伤。

② 电线用到一定年限要注意检查，发现毛病，应及时更换。

③ 电线不要超负荷使用。

④ 经常检查家中电器和线路的使用情况，及时进行维护和检修。

⑤ 对于老式建筑的线路、发现被水淹没或淋湿，特别是线路年久失修发生老化的应立即请电工予以抢修。

⑥ 对于容易被洪水浸泡的线路，应请电工迁移线路，采取高架、防潮措施。

⑦ 雨天如停电应立即切断电源，请电工检查原因，并派专人加以看护。

129 挑选瓷砖规格的技巧

由于单位面积中 600mm 的瓷砖比 800mm 的瓷砖铺贴数量要多，所以视觉上能产生空间的扩张感，同时在铺贴边角时的废料率要低于 800mm 的瓷砖，而空间大时铺 800mm 甚至 1m 规格的瓷砖就显得大气，因此建议小于 $40m^2$ 的空间选择 600mm 规格的瓷砖；而大于 $40m^2$ 的空间则可以选择 800mm 或 1m 的瓷砖。值得注意的是，如果在房间中家具过多（如卧室），盖住大块地面时，最好也采用 600mm 的瓷砖来铺贴地面。

130 不同类型的瓷砖的价格差别

一般深色彩釉的价格略高于浅色彩釉。进口的彩釉瓷砖价格比国产的高，每平方米价格在 100~200 元。瓷砖尺寸不同，价格不同，相同的品种由不同的厂家生产，价格也不同。国内知名品牌的高档瓷砖每平方米价格为 70~250 元；中档瓷砖的价位为 50~150 元；低档瓷砖为 20~50 元，基本上是 1 元一片。这样的瓷砖表面也很光滑，但是由于在质量上存在一定的问题，很难长期使用。

131 釉面砖的特点

釉面砖又称为陶瓷砖、瓷片或釉面陶土砖，是一种传统的卫浴墙面砖，是以黏土或高岭土为主要原料，加入一定的助溶剂，经过研磨、烘干、筑模、施釉、烧结成型的精陶制品。釉是覆盖在陶瓷砖表面的玻璃质薄层，具有玻璃般的光泽和透明性，使得陶瓷砖表面密实、光亮、不吸水、抗腐蚀、耐风化、易于清洁。

132 釉面砖的种类

类　别	内　　容
陶制釉面砖	即由陶土烧制而成，吸水率较高，强度相对较低。其主要特征是背面颜色为红色
瓷质釉面砖	即由瓷土烧制而成，吸水率较低，强度相对较高。其主要特征是背面颜色是灰白色

133 选择釉面砖时需查看外包装

选择釉面砖时需检查外包装箱上是否有厂名、厂址以及产品名称、规格、等级、数量、商标、生产日期和执行的标准。检查有没有出厂合格证、产品有无破损，箱内所装产品的数量、质量是否与包装箱上的内容相一致。

134 选择釉面砖时需看釉面

看釉面砖是否平滑、细腻，光泽晶莹亮丽；看是否有明显的釉面缺陷，产品有无色差。有花纹的砖花色图案应清晰，没有明显的缺陷；看有没有参差不齐的现象；看砖的平整度。

TIPS

选择釉面砖时还可以轻轻进行敲打陶瓷砖，细听其声音，质量较好的产品声音清脆，说明砖体密度和硬度高。

135 选择釉面砖时需比内在质量

相同规格和厚度的釉面砖，重量大的吸水率低，内在质量也较好，掂一掂即可知道。在对产品有了一定了解后，对产品的品牌、质量、价格、服务等方面综合比较后，再确定如何选购。

136 釉层厚不一定抗菌能力好

陶瓷上用多少层釉料是厂家根据自己的需要来选择的。为了使产品表面光滑，厂家会根据需要多上几层釉料，以达到产品表面更加光洁的效果。而实际上多少层釉料都不重要，只要产品表面的光洁度达到国家标准就算是合格产品。目前，某些产品由于在釉料里添加了抗菌剂，有自洁和抗菌的功能，但其抗菌效果的持续时间却难以测定，而且也不会是一劳永逸的。

137 全抛釉砖更耐磨

全抛釉砖是集抛光砖与仿古砖优点于一体的瓷砖，其釉面如抛光砖般光滑亮洁，同时，其釉面花色如仿古砖般图案丰富，色彩厚重或绚丽，因此更适合家庭使用。一般抛光砖用久了，容易亚光；仿古砖用久了，由于表面的釉层比较薄，容易磨损。而全抛釉烧成的瓷砖透明釉面比较厚，更耐磨损。

138 釉面砖的养护技巧

釉面砖砖面的釉层是非常致密的物质，有色液体或者脏东西是不会渗透到砖体中的，使用抹布蘸水或者用瓷砖清洗剂擦拭砖面即可清除掉砖面的污垢，如果是凹凸的瓷砖，凹凸缝隙里面积存了很多灰尘，则可以先用刷子刷，然后用清水冲洗即可清除砖面污垢。隔一段时间可在釉面砖的表面打液体免抛蜡、液体抛光蜡或者做晶面处理。

139 仿古砖的特点

仿古砖不是我国陶业的产品，而是从国外引进的。仿古砖是从彩釉砖演化而来的，实质上是上釉的瓷质砖。与普通的釉面砖相比，其差别主要表现在釉料的色彩上面，仿古砖属于普通瓷砖，与瓷片基本相同。所谓仿古，指的是砖的效果，其实应该叫仿古效果的瓷砖。唯一不同的是在烧制过程中，仿古砖技术含量要求相对较高，经数千吨液压机压制后，再经千度高温烧结，使其强度高，具有极强的耐磨性。经过精心研制的仿古砖兼具了防水、防滑、耐腐蚀的特性。

140 仿古砖的种类

仿古砖通常指的是有釉装饰砖，其坯体主要是瓷质的，也有炻瓷、细炻和炻质的；釉以亚光的为主；色调则以黄色、咖啡色、暗红色、土色、灰色、灰黑色等为主。

141 选购仿古砖时的误区

① 认为瓷砖越厚越好。其实，瓷砖的好坏与它的薄厚没有关系。瓷砖的好坏在于其本身的质地。目前，国际陶瓷建筑发展的方向是轻、薄、结

实、耐用、个性化。

② 认为仿古砖不防滑。仿古砖光洁度高，砖面平整度好，能够与鞋底充分地接触，从而增大了砖面与鞋底之间的摩擦力，达到了防滑的效果。

③ 认为亚光砖不易清洁。大部分亚光砖表面的釉面层都是经过特殊处理的，基本上达到了耐磨、防滑、不吸脏、易清洁的效果。

142 选择仿古砖时需查看其外表

一般好的仿古砖，砖体表面的反光性也相对较好。再从砖的断面细看，看砖的断面是否致密，而质量一般或只是用于户外装饰的仿古砖，都会粗糙地留有大量空隙。

143 用手掂仿古砖可以辨质量

对于致密度高、硬度大的仿古砖来说，用手掂量，就能感觉到砖的分量感与厚实感；反之，密度较低的砖，用手掂量后，会有种轻飘飘的感觉。这种仿古砖若用于室内地面，则耐用性会大打折扣。

144 划刻仿古砖可以辨质量

主要对于有施釉面的瓷砖来说。以硬物划刻砖体表面，如果出现了明显的刮痕，表明瓷砖的硬度与釉面质量不达标。用于室内家居，久而久之就会藏污纳垢，从而打理困难。

145 轻敲仿古砖可以辨质量

好的瓷砖用手轻敲会发出清脆响亮的声音，证明瓷砖无论从致密度、原料还是烧制工艺上，都做得不错。而轻敲瓷砖出现哑音，则证明瓷砖使用较差的原料或带有内裂。

146 仿古砖在家居空间中的应用技巧

家居空间	作　用
客厅	在客厅里用仿古砖作为抛光砖的补充，可以增加空间的艺术情调
电视背景墙	用仿古砖做电视墙。由于仿古砖的声光反射没有抛光砖那么厉害，而且与电视这种高科技的东西相对比，仿古砖古朴的文化内涵，更能与之形成一种反差，带给人思考感悟
沙发背景墙	用水刀雕刻出背景墙，在不喷油漆的情况下，比用抛光砖的历史味道要浓，这将是空间应用的一个方向
厨房或卫浴	仿古砖可以给厨房和卫浴带来艺术气息。考虑到厨房的墙砖用抛光砖更易打理，在地面用仿古砖更好。而且，从实用角度来说，也更防滑。现在人们越来越重视在卫浴营造休闲的氛围，仿古砖就是不可或缺的角色
卧室	仿古砖比实木地板便宜，比普通地板耐用，而且能营造温馨的家居氛围
书房	仿古砖颜色质朴，更能显示出家具的高雅情调
玄关	玄关对空间有怡情的作用，用仿古砖可以对整体的家装风格起到调和作用

147 仿古砖的养护技巧

① 如遇到施工过程中遗留的水泥渍或锈渍无法清除时，可以采用普通工业盐酸与水或碱水、有机溶剂等 1 ： 3 混合后用湿毛巾擦拭即能去除污渍。

② 对于砖面有划痕的情况，可以先在划痕处涂抹牙膏，再用柔软的干抹布擦拭即可。

③ 砖缝的清洁可以使用去污膏，用牙签蘸少许去污膏清洁缝隙处，然后用毛笔刷一道防水剂即可，这样不仅能防渗水且能防真菌生长。

④ 定期为仿古砖打蜡，可持久保持其效果，间隔 2~3 个月为宜。

148 抛光砖的特点

抛光砖就是通体坯体、表面经过打磨而成的一种光亮的砖种，是通体砖的一种。相对于其他通体砖的表面粗糙而言，抛光砖外观光洁，质地坚硬耐磨。通过渗花技术可制成各种仿石、仿木效果。但是，抛光砖有一个很明显的缺点——易脏，这是抛光砖在抛光时留下的凹凸气孔造成的，这些气孔会藏污纳垢。所以，一些优质的抛光砖都会增加一层防污层。

149 抛光砖的应用方法

抛光砖主要应用于室内的墙面和地面，其表面平滑光亮，质地薄轻但坚硬。但由于抛光砖本身易脏，因此要多加注意，可在施工前打上水蜡以防止污染。另外，在使用中也要注意保养。

150 抛光砖的规格

抛光砖的一般规格（长 × 宽 × 厚）有：400mm × 400mm × 6mm、500mm × 500mm × 6mm、600mm × 600mm × 8mm、800mm × 800mm × 10mm、1000mm × 1000mm × 10mm。

151 渗花型抛光砖的特点

渗花型抛光砖是最基础型的产品。这类产品很普遍，其生产工艺就是在坯体上施一层渗花釉，至表层大概 5mm 处，然后经过两次抛光、修边、倒角，再做一遍防污处理就可以出厂了。目前，市场上 90% 以上的抛光砖都是渗花型的。

TIPS

需要注意的是渗花型抛光砖的防污工艺，有的厂家处理得很好，用的是进口的防污剂，但是有的厂家用的就是很便宜的，甚至还有不用防污剂的，只是用蜡做处理。这样的产品在刚铺贴时还没有什么问题，但时间长了，就会出现很多漏抛的地方，或者类似球印的地方。再有就是渗污，菜汤、茶水之类的都会渗到瓷砖里面，很难清洗。

152 微粉抛光砖的特点

微粉抛光砖在生产时，在坯体表面撒上一层更细的粉料，其坯体和表层所用的原料都是一样的，就是表层的粉料又经过球磨机再次长时间的球磨，然后将粉料用刮刀刮在坯体上，再压制一次即可。这类产品有一个优点和两个缺点：优点是表层颗粒细，直接带来的好处就是吸水率低，防渗透的能力强；但缺点是花色简单、单调，还有就是由于是两次压制的，有时候会容易出现夹层开裂。

153 多管布料抛光砖的特点

这类产品的生产工艺比较特殊，粉料下料的时候是由很多料管一次性下料、一次压制成型的。这类产品花色、纹路都很自然，每片砖大体都差不多，但细看却不一样，很大程度上能替代大理石。但是，这类产品有一个问题，就是选择余地比较小，只有很少数厂家生产。

154 微晶石抛光砖的特点

微晶石最大的特点是基本上不渗脏东西，它的吸水率基本等于零。如果仔细观察它的侧面，其厚度基本上和 3 块普通抛光砖相等。它是由两层物质结合压制的产物，表层就好像是一层玻璃。但是微晶石也有缺点——不耐磨，时间一长就会被鞋上带的沙子磨花。另一个问题就是，因为是两次压制成型的产品，所以微晶石抛光砖容易开裂。

155 “微晶玉”“微晶石”“微晶钻”的区别

很多人逛建材城最头疼的恐怕就是记录瓷砖的名字了，什么“微晶玉”“微晶石”“微晶钻”“超炫石”“聚晶玉”等。其实，大家根本没必要记住这些拗口的名字，它们描述的都是同一种东西——玻化砖，这些名字只是厂商为了区分产品的档次，进一步细化市场而使用的代号罢了。在选择瓷砖时，大家只要坚持自己的预算，尽量选择适合自己的产品就行了。

156 抛光砖的选购技巧

① 看表面。主要是看抛光砖表面是否光泽亮丽，有无划痕、色斑、漏抛、漏磨、缺边、缺脚等缺陷。查看底坯商标标记，正规厂家生产的产品底坯上都有清晰的产品商标标记，如果没有的或者特别模糊的，建议慎选！

② 试手感。同一规格产品，质量好，密度高的砖手感都比较沉，反之，质次的产品手感较轻。

③ 听声音。敲击瓷砖，若声音浑厚且回音绵长如敲击铜钟之声，则瓷化程度高，耐磨性强，抗折强度高，吸水率低，不易受污染，若声音混哑，则瓷化程度低（甚至存在裂纹），耐磨性弱、抗折强度低，吸水率高，极易受污染。

157 亚光砖和抛光砖的应用技巧

喜欢敞亮的业主最好选择抛光砖，想要情调的业主则考虑亚光砖；不怕清洁麻烦的业主可以选亚光砖，只想随便搞搞卫生的业主则选抛光砖；另外，现代风格的居室一般用抛光砖，田园风格的居室则用亚光砖；客厅、餐厅用抛光砖的多，厨房、卫浴地面多用亚光砖。

158 抛光砖的日常清洁技巧

平常清洁拖地时请尽量用干拖，少用湿拖，局部较脏或有污迹，可用家用清洁剂如洗洁精、洗衣粉等或用东鹏除污剂进行清洗，并根据使用情况定期或不定期地涂上地板蜡，待其干后再抹亮，可保持砖面光亮如新。经济条件较好的，可以采用晶面处理，从而达到高级酒店般的效果。

159 抛光砖表面轻微划痕的处理方法

抛光砖表面如果有轻微划痕，可以试着用牙膏涂在划痕周围，再用干净的干布反复擦拭，然后涂上少量地板蜡，干后用干净的干布擦亮即可达到光亮如新的效果。

160 玻化砖的特点

玻化砖的出现很好地解决了抛光砖的易脏问题。玻化砖又称为全瓷砖，是由优质高岭土强化高温烧制而成，表面光洁但又不需要抛光，因此不存在抛光气孔的问题。其吸水率小、抗折强度高，质地比抛光砖更硬，更耐磨。

TIPS

玻化砖与抛光砖类似，但是制作要求更高，要求压机更好、能够压制更高的密度，同时，烧制的温度更高，能够做到全瓷化。

161 玻化砖的规格

玻化砖规格一般较大，通常为：（长 × 宽 × 厚）600mm × 600mm × 8mm、800mm × 800mm × 10mm、1000mm × 1000mm × 10mm、1200mm × 1200mm × 12mm 等。

162 玻化砖的选购技巧

在选购玻化砖时，应注意各种玻化砖虽然表面性状相差不大，但内在品质却差距较大。因此，选择口碑好的品牌显得尤为重要。专业的玻化砖生产厂家对原料采购、高温煅烧、打磨抛光、分级挑选、打包入库等几十道工序都有严格的标准规范，因此质量比较稳定。而一些小规模的抛光砖厂（仅有抛光设备，砖坯需外购）由于前期工序非本企业控制，而且走的大都是低质、低价路线，因此对质量难以保证。

163 马赛克的特征

马赛克源自古罗马和古希腊的镶嵌艺术，是古罗马人用不同颜色的小石子、贝类或玻璃片等彩色嵌片拼合而组成缤纷多彩的图案。如今的马赛克经过现代工艺的打造，在色彩、质地、规格上都呈现出多元化的发展趋势，而且品质优良。一般由数十块小瓷砖拼贴而成，小瓷砖形态多样，有方形、矩形、六角形、斜条形等，形态小巧玲珑，具有防滑、耐磨、不吸水、耐酸碱、抗腐蚀、色彩丰富等特点。

164 马赛克的应用方法

随着马赛克品种的不断更新，马赛克的应用也变得越来越广泛，适用于厨房、卫浴、卧室、客厅等。因为现在的马赛克可以烧制出更加丰富的色彩，也可用各种颜色搭配拼贴成自己喜欢的图案，所以可以镶嵌在墙上作为背景墙。

165 马赛克的规格

马赛克的一般规格有 20mm×20mm、25mm×25mm、30mm×30mm，厚度依次在 4~4.3mm。

166 陶瓷马赛克的特点

属于最传统的一种马赛克，以小巧玲珑著称，但较为单调，档次较低。一般的陶瓷马赛克，具有防水、防潮、耐磨和容易清洁等特点，但其可塑性不强，大多用于外墙及厨卫等。

167 大理石马赛克的特点

大理石马赛克的纹理多样，装饰效果很强。其颜色及品种极为丰富，可通过不同颜色有机组合为不同风格的图案。其使用范围极为广泛，如客餐厅、过道、卫浴间等。是中期发展的一种马赛克品种，丰富多彩，但其耐酸碱性差、防水性能不好。

168 玻璃马赛克的特点

玻璃马赛克是最安全的建材，它由天然矿物质和玻璃制成，质量轻、耐酸、耐碱、耐化学腐蚀，是杰出的环保材料。它色彩很亮丽，设计成图形效果更佳。其梦幻般的色彩给人以干净、清新的享受，可广泛应用于卫浴间及泳池，但其不耐磨，极少用于一般地面。

169 金属马赛克的特点

金属马赛克是由不同金属材料制成的一种特殊马赛克，有光面和亚光面两种。有着金属的光泽和质感，前卫个性，材质给人洁净简练的视觉感受，并且还不失华丽感。但是色彩不丰富，大多为原材料本色。

170 贝壳马赛克的特点

贝壳马赛克，该类马赛克是完全采用天然贝壳材料烧制而成，具有纯天然、无毒害、无辐射的优点，是一种新的环保型马赛克瓷砖。

171 马赛克的清洁技巧

① 用清水和棉布擦拭。可以用清水和吸水性好的棉布擦拭清洁干净。因为马赛克的表面比较平整，不容易藏污纳垢，所以在清洁的时候非常方便。另外，还可以用中性的增亮剂来擦，这样有助于马赛克表面保持光亮。

② 用清洁剂刷洗。如果是地板，而且地上没有排水系统的，先拿吸尘器吸一遍，然后用清洁剂加水，拧干的抹布抹一遍，基本上就差不多了。如果是沐浴房的地板，每天洗完澡后直接喷一点清洁剂，最好用有去皂迹功能的。

172 马赛克的日常养护技巧

对马赛克墙地面的日常养护需要注意几点，一是需要防止重物撞击；二是，如果有马赛克脱落、缺失，需要用同品种的马赛克粘补；三是日常注意及时清洁，平时随手清一清，每周一定要清洁一次。

173 选择马赛克时需查看其外包装

每联玻璃马赛克都应印有标识。包装箱表面应印有名称、生产日期、色号、规格、数量和重量（毛重、净重），并应印有防潮、易碎、堆放方向等标志，附有检验合格证。玻璃马赛克用纸箱包装，箱内要衬有防潮纸，产品放置应紧密有序。

174 选择马赛克时需查看其规格

选购马赛克时要注意颗粒之间是否是同等规格、大小一致，每个小颗粒边沿是否整齐，将单片马赛克置于水平地面检验是否平整，单片马赛克背面是否有太厚的乳胶层。

175 选择马赛克时需查看其工艺

首先是摸釉面，可以感觉其光滑度；然后看厚度，厚度决定密度，密度高才吸水率低；最后是看质地，内层中间打釉通常是品质好的马赛克。

176 选择马赛克时需查看其吸水率

吸水率低是保证马赛克持久耐用的要素，所以还要检验它的吸水率，把水滴到马赛克的背面，水滴往外溢的是质量比较好的，往下渗透的就是质量比较劣质的。

177 可以用马赛克取代腰线

形式小巧、丰富的马赛克很适合用作瓷砖跳色的处理，尤其是取代腰线，用于点缀卫浴间的墙面，不仅可以提升空间的整体视觉效果，而且用马赛克取代腰线，绝对比用腰线便宜不少。马赛克的特点在于其灵活、多变，随意性与跳跃性都较强，尤其是在卫浴间这样的小空间，更适合用其进行点缀、分隔装饰。

178 什么是全瓷地砖的特点

全瓷地砖是指吸水率小于 0.5% 的瓷砖，也被称为烧透瓷砖，是由石英砂、泥按照一定比例烧制而成的，然后再用磨具打磨光亮，表面就像镜面那样透亮光滑，十分好看，它是通体砖家族中的一分子。全瓷地砖在抗污、硬度、线条、方正方面都优于半瓷，但不足的是花色没有半瓷丰富；此外，全瓷地砖的规格只有 600mm × 600mm 或 800mm × 800mm 两种成品尺寸，而且不用泡水就能铺贴，而半瓷吸水率高于全瓷，需要泡水才能使用。

179 辨识全瓷地砖的技巧

① 看断面。断面没有明显分两层的就是全瓷地砖。

② 比较重量。重量重一些的就是全瓷地砖。

③ 听声音。用手敲击，声音清脆的是全瓷地砖。

④ 试水法。由于全瓷地砖吸水率低，因此可以把地板砖反过来，在背面滴上水，渗水慢的就是全瓷地砖。

180 分辨瓷砖的吸水率的技巧

瓷砖是装修中必不可少的材料，占很大的比重。而吸水率作为检验瓷砖好坏的重要标准，却没有受到多少业主注意。吸水率高的瓷砖一般空隙较大，致密度比较低；相反，吸水率低的瓷砖致密度就比较高。家庭装修要选择吸水率较低的瓷砖，因为频繁的活动可能会带来大量污垢，而稀松的砖孔很容易吸收水和污垢，从而造成瓷砖上不易清洁的痕迹。要判断瓷砖吸水率的高低很简单，只要在样品瓷砖的背面滴上一滴水，然后观察它是否能迅速地吸收即可。

181 墙砖和地砖的区别

① 吸水率不同。严格来讲，墙砖属于陶制品，而地砖通常是瓷制品，它们的物理特性不同，而且从选黏土配料到烧制工艺都有很大区别。墙砖吸水率相对比较高，通常在 10% 左右。墙砖一般是釉面砖，通俗点讲，就好像是水泥板表面上了一层釉，这样背面粗糙的墙砖更容易与墙面贴合。

② 外观不同。通常墙砖的硬度不如地砖，但是花色要比地砖丰富一些。地砖相对墙砖而言，质地更为坚硬，也更耐磨耐压，其吸水率通常只有 1% 左右。市面上常见的地砖通常都是瓷质程度比较高的产品，如通体砖、玻化砖、抛光砖等。由于瓷质化比较高，因此地砖虽然可以用在墙面，但是铺贴起来比较费劲，而且容易脱落。

182 墙地砖的规格

现在市面上瓷砖的规格越来越大，地砖从 500mm × 500mm 发展到 600mm × 600mm、800mm × 800mm，甚至连 1200mm × 1200mm 的都有；墙砖最大的则为 450mm × 900mm。

由于大瓷砖铺贴起来显得大气，所以现在选择大瓷砖装修房间的人越来越多。但很多业主在铺贴完大瓷砖之后，往往会面临这样的情况：怎么看怎么感觉别扭，其主要原因是没有充分考虑实际空间的大小。因此，选购瓷砖的规格一定要考虑实际空间的大小。客厅地砖还得考虑实际可视面积，也就是家具等摆放后，人可以看得见的面积。

183 选择地平线的技巧

地平线主要是为了使客厅地面更富于变化、看起来特别简洁的一些线条，主要是用一些和地砖主体颜色有区分的瓷砖加工而成，一般以用深色的瓷砖加工为主，有些仿古砖也有配套的地平线可供选择。主要用在地面周边或者过道、玄关等地方。

184 选购地拼花的技巧

用瓷砖加工而成的地拼花，现在基本上都可以委托加工，有很多的图案可供选择。加工时一般要注意，拼花的底色要和地面其他的瓷砖颜色和花纹一致。拼花主要用在进门处，或者客厅、餐厅的茶几、餐桌下面。

185 瓷砖踢脚线的选用方法

踢脚线主要是为了保护墙裙。选购时，可以考虑以下两种方式：一是和地砖颜色形成较大的反差，但要注意尽量选择同一色系的产品，以便保持整体风格的统一；二是和地砖颜色接近，这种情况建议地面周边加铺有颜色反差的地平线。踢脚线可以直接买成品，也可以委托销售方加工，一般情况下，应使用与地砖相同材质的踢脚线。

186 外墙砖用在室内更划算

在室内餐厅的局部墙面，使用与小区室外用的瓷砖同类的墙砖，形成与室外社区公共空间浑然一体的效果，令人在潜意识里有置身室外开空阔空间的错觉，以此扩大室内空间。同时，室外墙砖造价较低，且安装不需十分精确，因此花费是室内墙砖的近一半。

187 推拉窗的特点

推拉窗开启灵活，不占空间，工艺简单，不易损坏，维修方便，适用于各类对通风、密封、保温要求不高的建筑。推拉窗也可以改变开启方向，制作成竖向开启的窗，即推提窗，使通风位于窗户上方，大大改善通风效果。但由于框与扇之间的缝隙是固定不变的，仅靠轨道槽内装配的毛条与框搭接，没有压紧力，密封性较差，随使用时间的延长，密封毛条倒伏或表面磨损，空气对流加大，能量的消耗十分严重。同时，推拉窗开启最大时仅是窗面积的 1/2，通风面积也小。所以说，推拉窗的结构决定了它并不是理想的节能窗。

188 平开窗的特点

平开窗在关闭锁紧状态，橡胶密封条在框扇密封槽内被压紧并产生弹性变形，形成一个完整密封体系，隔热、保温、密封、隔声性能较好。同时，在开启状态窗扇能全部打开，通风换气性能也好。内平开窗扇开启后，会占用部分室内空间，外平开窗受五金件质量影响，会对室外构成安全隐患，且成本相对较高。

因此平开窗适用于寒冷、炎热地区建筑或对密封、保温有特殊要求的建筑。一些地区的建设管理部门规定，在高层建筑上禁止用外平开窗。

189 无框阳台窗应选优质型材

业主在购买无框阳台窗时要选择高强度的铝合金型材。目前，市场上采用较多的有锌铝合金、钛镁合金，其中，锌铝合金的强度更高些，而且不易生锈。

190 选择无框阳台窗应注意其副件细节

在无框阳台窗的使用过程中，如滑轮、铆钉等一些副件很关键。滑轮的材质要选择高强度尼龙，业主在选择时要检查滑轮边缘是否光滑，劣质的滑轮边缘毛边粗糙明显。铆钉要选择实心气压铆钉，而不要选择空心钢铆钉。密封条的材质一般有硅胶、PVC+ 硅胶，硅胶材质的密封条柔软，但有变色的可能；PVC+ 硅胶不易变色，但较硬，可能会开裂。

191 无框阳台窗钢化玻璃选择是关键

钢化玻璃选择 8mm 的更好，这种说法其实并不准确。其实，在实际使用时，6mm 和 8mm 的钢化玻璃区别并不大。当然，玻璃越厚，强度越高的说法没有错。所以，如果是 10 层以上的业主，可以选择 8mm 的，厚一些的玻璃能承受更大的风压；然而对于楼层较低的用户来说，6mm、8mm 都可以。

192 无框阳台窗应选择好的品牌

近几年，无框阳台窗行业发展较快，能做无框阳台窗的厂家很多。业主一定要选择有影响力的品牌，要了解厂家背景及工程案例。在门窗行业，有“三分制作七分安装”的说法。好的厂家拥有好的技术工人，安装工艺会更好；同时，好的厂家有优质的售后服务，一般会提供两年左右的保修，终身维修，这一点对无框阳台窗这种需要维护的产品来说很重要。

193 铝合金窗的用途

铝合金窗的分类有两种：普通铝合金窗和断桥铝合金窗。铝合金窗具有美观、密封、强度高，广泛应用于建筑工程领域。在家庭装修中，常用铝合金窗封装阳台。

194 铝合金窗的类别

类别	内容
按开启方式分类	铝合金窗按照开启方式主要分为固定窗、平开窗、推拉窗和悬窗四种，其中固定窗属于完全封闭的样式，而一般家庭中平开窗的样式使用较多，它通风性能好且节约空间，铝合金推拉窗占用空间面积小，但密封性和通风性较差
按型材分类	铝合金按照型材主要能分为普通铝合金和断桥铝合金两种，断桥铝合金相较于普通铝合金材料而言有更好的保温性能，解决了普通铝合金导热快、保温性能差的问题
按厚度分类	铝合金材料主要有40mm、45mm、50mm、55mm、60mm、65mm、70mm、80mm、90mm、100mm等尺寸系列。一般来说铝合金窗所用的尺寸较小，而在装修时，使用什么规格的铝合金材料需要根据装修设计图样去具体地分析，不能盲目地购买

195 选择铝合金窗时需查看其用料

优质的铝合金窗所用的铝材，厚度，强度和氧化膜等，都是符合国家的有关标准规定，壁厚应在1.2mm以上，氧化膜厚度应达到10μm。如果超过国家标准，甚至达到欧洲标准的产品当然是最佳的选择。

196 选择铝合金窗时需查看其加工

优质的铝合金窗，加工精细，安装讲究，密封性能好，开关自如。劣质的铝合金窗，材料和规格都达不到标准，而且加工方面也是参差不齐，密封性能差，不仅漏风漏雨，而且在遇到强风和外力过大的情况下容易出现玻璃炸裂等现象，造成玻璃刮落或碰落。

197 选择铝合金窗时应重视其玻璃和五金件

铝合金窗的玻璃应平整、无水纹。玻璃与型材应不直接接触，有密封压条贴紧缝隙。五金件齐全，位置正确，安装牢固，使用灵活。窗框、扇型材内均嵌有专用钢衬。

198 铝合金窗的保养技巧

① 使用铝合金窗，推拉动作要轻，发现推拉困难不要硬拉硬推，应先排除故障。积灰、变形是铝合金窗推拉困难的主要原因。

② 铝合金窗可用软布醮清水或中性洗涤剂擦拭，不要用普通肥皂和洗衣粉，更不能用去污粉、洁厕精等强酸碱的清洁剂，严禁使其与酸、碱、盐等类物质接触。

③ 雨天过后，应及时抹干淋湿的玻璃和窗框，特别注意抹干滑槽积水。滑槽用久，摩擦力增加，可加少许机油或涂一层火蜡油。

④ 应经常检查铝合金框架的连接部位，及时旋紧螺栓，更换已受损的零件。定位轴销、风撑等铝合金窗的易损部位，要时常检查，定期加润滑油保持其干净、灵活。经常检查框架的连接部位，紧固松动的螺丝。

199 塑钢门窗的特征

塑钢是以聚氯乙烯（PVC）树脂为主要原料，加上一定比例的稳定剂、着色剂、填充剂、紫外线吸收剂等，经挤压成型材，然后通过切割、焊接或螺接的方式制成框架，配装上密封胶条、毛条、五金件等，同时，为增强型材的刚性，型材空腔内需要填加钢衬（加强筋）。塑钢一般用于门窗框架，这样制成的门窗，又称为塑钢门窗。

塑钢门窗具有良好的气密性、水密性、抗风压性、隔声性、防火性，成品具有尺寸精度高、不变形、容易保养的特点。

200 塑钢门窗的选购技巧

① 不要买廉价的塑钢门窗。门窗表面应光滑平整，无开焊断裂，密封条应平整、无卷边、无脱槽、胶条无气味。门窗关闭时，扇与框之间无缝隙，门窗四扇均为一整体、无螺钉连接。

② 重视玻璃和五金件。玻璃应平整、无水纹。玻璃与型材应不直接接触，有密封压条贴紧缝隙。五金件齐全，位置正确，安装牢固，使用灵活。门窗框、扇型材内均嵌有专用钢衬。

③ 玻璃应平整，安装牢固。安装好的玻璃不应直接接触型材，不能使用玻璃胶。若是双玻夹层，夹层内应没有灰尘和水汽。开关部件关闭严密，开关灵活。推拉门窗开启滑动自如，声音柔和、绝无粉尘脱落。

201 塑钢门窗勿用强酸碱溶液清洁

如果窗上沾染了油渍等难以清洗的东西，最好不要用强酸或强碱溶液进行清洗，否则不仅容易使型材表面光洁度受损，也会破坏五金件表面的保护膜和氧化层而引起五金件的锈蚀。

202 应注意塑钢窗周边排水效果

要保持好塑钢窗周边有排水的效果，以此来保证门窗的气密性能和水密性能，不要把排水的地方堵住了，会导致门窗的排水效果下降。

PART
3

装修中期与施工同步选购的材料

一般开工后 10 ~ 40 天为装修中期，这时候需要根据装修进度同步选购相关的材料。例如吊顶材料、装饰板材、涂料、石材、地板、门和洁具。

203 吊顶材料需要装修中期购买

墙砖贴完后就要安装吊顶，因此吊顶材料需要在施工中期购买。一般贴完厨、卫墙砖的当天就可以给扣板厂家打电话约定上门量尺的时间，在打电话后一天扣板厂家将上门量尺，量完尺之后3~5天就可以收货安装。另外最好根据墙面瓷砖的颜色来协调搭配顶面的颜色，使其和谐统一。

204 装饰板材需要装修中期购买

一般贴完墙地砖后就可安排木工进场了，而木工进场就要用到各种装饰板材，因此装饰板材需要在施工中期购买。部分家具、门窗及套、隔断、假墙、暖气罩、窗帘盒等都要用到装饰板材，因此装饰板材最好在使用前统一购买以免耽误工期。

205 涂料需要装修中期购买

装饰性建材，在装修过程中，难免会遇到设计方案需要更改的情况，或者设计师有了新的灵感。因此在装修效果敲定后，根据施工进程进行购买，就不会因为返工或变更方案而造成材料浪费。一般在木工、油工完成后进行施工。需要注意的是，一定要把每个房间的墙漆都与设计师定好，再根据用量进行购买。

206 石材需要装修中期购买

业主自购的石材常用于家庭中的地面门槛石和墙面主题墙或者门窗套等部位装饰，而这些主题墙在泥工进场，也就是开工后的第8~15天就需要用到，所以需要在中期，配合施工时间购买。另外，一些进口的石材还需要提前预订，因此在确定好设计图纸后，最好和设计师商量具体的石材购买时间，以免耽误工期。

207 地板需要装修中期购买

地板铺装虽然在后期，但是需要在中期选购。因为有些款式的地板需要提前预订。如果厨卫铺瓷砖，客厅和卧室铺地板的话，还需要考虑地板找平问题。如不符合铺装要求，需整改，否则影响日后地板使用及脚感。强化地板专业铺装工人要使地面平整并测算实际使用地板量，所以在地面找平后应安排上门测量。

208 门需要装修中期购买

依据不同的家居空间，室内门的高度、宽度各不相同，因此套装门及推拉门就需要根据每一处空间的实际情况，进行测量，然后制作。而套装门的制作周期一般都在半个月左右。虽然门类的安装是在后期进行，但不得不在装修的中期便先购买，方便后期安装时，门类及时地到位，不影响整体装修的进度。

209 卫浴洁具需要装修中期购买

卫浴洁具需要工人师傅安装及划定卫生间的使用范围。如淋浴房需要提前定制，因其制作有一定的周期，而安装马桶、面盆等都需要先安装好淋浴房之后再进行安装。这主要有两点，其一淋浴房的体积较大，安装的位置又是靠近卫生间的内部，如马桶等先安装，淋浴房就很难进去；其二面盆柜的大小需要淋浴房装好才可确定，避免因购买过大而无法安装的情况。

210 石膏板的特征

石膏板是以石膏为主要原料，加入纤维、胶黏剂、稳定剂，经混炼压制、干燥而成。具有防火、隔声、隔热、轻质、高强、收缩率小等特点，且稳定性好、不老化、防虫蛀、施工简便。

211 石膏板的应用技巧

不同品种的石膏板应该用在不同的部位。如，普通纸面石膏板适用于无特殊要求的部位，像室内吊顶等；耐水纸面石膏板因其板芯和护面纸均经过了防水处理，所以适用于湿度较高的潮湿场所，像卫浴等。

212 普通纸面石膏板的特点

普通纸面石膏板是最经济和最常见的品种，适用于无特殊要求的场所（连续相对湿度不超过 65%）。许多人喜欢用 9.5mm 的普通纸面石膏板做吊顶或间墙，但这一厚度的石膏板较薄、强度不高，在潮湿条件下容易发生变形，因此建议选用 12mm 以上的石膏板。

213 防水纸面石膏板的特点

这种石板吸水率为 5%，即能够用于湿度较大的区域，如卫生间、沐浴室和厨房等，该板是在石膏芯材里加入定量的防水剂，使石膏本身具有一定的防水性能。此外，石膏板纸亦经过防水处理，所以这是一种比较好的具有更广泛用途的板材。

214 防火纸面石膏板的特点

防火纸面石膏板表面颜色为粉红色，采用不燃石膏芯混合了玻璃纤维及其他添加剂，具有极佳的耐火性能。适合客厅及卧室的吊顶和隔墙。

215 穿孔石膏吸声板的特点

穿孔石膏吸声板采用特制高强纸面石膏板为基板，采用特殊工艺，表面粘压优质贴膜后穿孔而成。具有吸声功能，又美观环保，便于清洁和保养；全干法作业，施工简单快捷，无需二次装饰。主要用于干燥环境中吊顶造型的制作。

216 浮雕石膏板的特点

浮雕石膏板是在石膏板表面进行压花处理，适用于欧式和中式的吊顶，能令空间更加高大，立体。可根据具体情况定制。

217 石膏板的选购技巧

① 看纸面。纸面好坏直接决定石膏板的质量，优质纸面石膏板的纸面轻且薄，强度高，表面光滑没有污渍，韧性好。劣质板材的纸面厚且重，强度差，表面可见污点，易碎裂。

② 看石膏芯。高纯度的石膏芯主料为纯石膏，质量较差的石膏芯则含有很多有害物质，从外观看，好的石膏芯颜色发白，劣质的则发黄且颜色暗淡。

③ 看表面。用壁纸刀在石膏板的表面画一个“X”，在交叉的地方撕开表面，优质的纸层不会脱离石膏芯，而劣质的纸层可以撕下来，使石膏芯暴露出来。

④ 看重量。相同大小的板材，优质的纸面石膏板通常比劣质的要轻。可以将小块的板材泡到水中进行检测，相同的时间里，最快掉落水底的板材质量最差，浮在水面上的则质量较好。

⑤ 看检验报告。石膏板的检验报告有一些是委托检验，可以特别生产一批板材送去委托检验，并不能保证全部板材的质量都是合格的。而还有一种检验方式是抽样检验，是不定期地对产品进行抽样检测，有这种报告的产品质量更有保证。

218 石膏板的存放方法

① 石膏板在搬运时宜两人竖抬，平抬可能会导致板材断裂。

② 石膏板的存放处要干燥、通风，避免阳光直射。存放处的地面要平整，最下面一张与地面之间、每两张板材之间最好添加至少 4 根 100mm 高的垫条，平行放置，使板材之间保持一定距离。单板不要伸出垛外，可斜靠或悬空放置。如果需要在室外存放，需要注意防潮。

219 PVC 扣板的特征

PVC 扣板吊顶材料，是以聚氯乙烯树脂为基料，加入一定量抗老化剂、改性剂等助剂，经混炼、压延、真空吸塑等工艺制成。PVC 扣板吊顶特别适用于厨房、卫生间的吊顶装饰，具有质量轻、防潮湿、隔热保温、不易燃烧、不吸尘、易清洁、可涂饰、易安装、价格低等优点。

220 PVC 扣板的选购技巧

① 观察表面。表面要美观、平整，色彩图案要与装饰部位相协调。无裂缝、无磕碰、能装拆自如，表面有光泽、无划痕；用手敲击板面声音清脆。

② 检查材料加工度。PVC 扣板的截面为蜂巢状网眼结构，两边有加工成型的企口和凹榫，挑选时要注意企口和凹榫完整平直，互相咬合顺畅，局部没有起伏和高度差现象。

③ 看韧性。用手折弯不变形，富有弹性，用手敲击表面声音清脆，说明韧性强，遇有一定压力不会下陷和变形。

④ 闻气味。如带有强烈刺激性气味则说明环保性能差，对身体有害，应选择正规品牌，刺激性气味小的产品。

⑤ 询问产品合格指标。性能指标应满足：热收缩率小于 0.3%，氧指数大于 35%，软化温度 80℃以上，燃点 300℃以上，吸水率小于 15%，吸湿率小于 4%。

221 PVC 扣板的保养常识

① 清洁技巧。PVC 扣板板缝间易堆积污渍，清洗时可用刷子蘸清洗剂刷洗后，用清水冲净；需要注意的是照明电路处不要沾水。

② 更换方法。PVC 吊顶型材若发生损坏，更换十分方便，只要将一端的压条取下，将板逐块从压条中抽出，用新板更换破损板再重新安装，压好压条即可。更换时应注意新板与旧板的颜色需一样，不要有色差。

PVC 扣板的花色、图案很多，可以根据不同的家居环境进行选择。比如，田园风格的家居可以选择米黄色带有花纹的板材；而中式风格的居室可以选花格图案的板材；现代和简约风格的居室则可以选择纯色板材。

222 PVC 扣板的搭配技巧

PVC 吊顶型材是中间为蜂巢状空洞、两边为封闭式的板材。表层装饰有单色和花纹两种，花纹又有仿木、仿大理石、昙花、蟠桃、花格等多种图案；花色品种又分为乳白、米黄、湖蓝等色，其中米黄和乳白色等淡雅的色调可以用在现代风格或简欧风格中，湖蓝色可以用来装饰地中海风格的吊顶，但是像这种纯度高的 PVC 扣板，不建议大面积使用，容易令人产生压迫感，小面积做局部装饰即可。

223 PVC 扣板的常见尺寸

PVC 扣板的规格、色彩、图案繁多，极富装饰性，多用于室内厨房、卫浴的顶面装饰。其外观呈长条状的居多，宽度为 200~450mm 不等，长度一般有 3000mm 和 6000mm 两种，厚度为 1.2~4mm。

224 铝扣板的特征

铝扣板又称为金属扣板，其表面通过吸塑、喷涂、抛光等工艺处理，光洁艳丽，色彩丰富，并且逐渐取代塑料扣板。铝扣板耐久性强，不易变形、不易开裂，质感和装饰感方面均优于塑料扣板，且具有防火、防潮、防腐、抗静电、吸声、隔声、美观、耐用等特点。

225 铝扣板的常用尺寸

铝扣板在室内装饰装修中多用于厨房、卫浴的顶面装饰。其中，吸声铝扣板也可用在公共空间。铝扣板的外观形态以长条状和方块状为主，厚度为 0.6mm 或 0.8mm。方块型材规格多为 300mm × 300mm、350mm × 350mm、400mm × 400mm、500mm × 500mm、600mm × 600mm。

226 铝扣板的表面处理工艺类别

分　类	特　　点
静电喷涂板、烤漆板	使用寿命短，容易出现色差
滚涂板、珠光滚涂板	使用寿命中等，没有色差
覆膜板	又可分为普通膜与进口膜，普通膜与滚涂板相比，使用寿命相对要低，而进口膜的使用寿命基本上能达到 20 年不变色

227 铝扣板的选购技巧

① 看铝材质地。铝扣板质量好坏不在于薄厚（家庭装修用 0.6mm 已足够），而在于铝材质地。有些杂牌铝扣板用的是易拉罐铝材，因为铝材不好，没有办法很均匀地拉薄，只能做厚一些。

② 听声音。拿一块样品敲打几下，仔细倾听，声音清脆说明基材好，声音发闷说明杂质较多。

③ 看韧度。拿一块样品反复掰折，看漆面是否脱落、起皮。好的铝扣板漆面只有裂纹、不会有大块油漆脱落；好的铝扣板正背面都要有漆，因为背面所处的环境更潮湿。

④ 看龙骨材料。铝扣板的龙骨材料一般为镀锌钢板，龙骨的精度误差范围越小，精度越高，质量越好。

⑤ 看覆膜。覆膜铝扣板和滚涂铝扣板从表面不好区别，但价格却有很大差别。可用打火机将板面熏黑，覆膜板黑渍容易擦去，而滚涂板无论怎么擦都会留下痕迹。

228 购买铝扣板时要小心辅料陷阱

很多人在购买铝扣板时在辅料上面会吃亏，购买时商家总会轻描淡写地说：免费上门安装，只收取一些“辅料”钱。一般人听到“辅料”两个字总以为是很便宜的，其实不然，由于之前没有确定好辅料的价格，而且铝扣板安装中辅料用量也比较大，到时候一算，辅料甚至会比铝扣板本身的价格还高。

应对方法：在商家上门测量时，当场让其粗略算出需要多少边条、多少龙骨，估算一下，然后和商家商量出一个包括铝扣板及安装和安装中用到的所有材料的全包价格，铝扣板的安装及辅料费用不应该超过铝扣板本身价格的 30%~40%。

229 集成吊顶的基本特征

集成吊顶是金属方板与电器的组合。分取暖模块、照明模块、换气模块。具有安装简单，布置灵活，维修方便的特点，成为卫生间、厨房吊顶的主流。为改变天花板色彩单调的不足，集成艺术天花板正成为市场的新潮。

230 集成吊顶的优点

① 安全到家。集成吊顶都是经过精心设计、专业安装来完成的，它的线路布置，通风、取暖效果也是经过严格的设计测试，相比之下，传统的吊顶太随意没有安全性可言。

② 绿色节能。集成吊顶的各项功能是独立的，可根据实际的需求来安装暖灯位置与数量，传统吊顶均采用浴霸取暖，它有很大的局限性，取暖位置太集中，集成吊顶克服了这些缺点，取暖范围大，且均匀，三个暖灯就可以达到浴霸四个暖灯的效果，绿色节能。

③ 自主选择、自由搭配。集成吊顶的各项功能组件是独立的，可根据厨房、卫生间的尺寸，瓷砖的颜色和自己的喜好来选择需要的吊顶面板。

④ 综合性价比高。集成吊顶的单价比传统吊顶要高，但它是由优质铝材加工而成的，集成吊顶的寿命可达 50 年，而传统吊顶的寿命才 10 年左右（容易出现老化）。

231 集成吊顶照明模块的选购技巧

照明模块一般有圆形和方形两种形式，不管是哪种形式，决定照明品质的主要因素包括光源、镇流器、面罩、圆形灯圈等几部分。现在的集成吊顶使用的光源和镇流器都不是企业自己生产的，基本上都是从照明企业外购的，因此业主可根据光源和镇流器的品牌判断优劣。

232 集成吊顶取暖模块的选购技巧

取暖模块主要有灯暖和风暖两种，市场上有将灯暖和风暖相结合的。灯暖的品质主要决定因素是取暖灯泡，优质取暖灯泡壁厚均匀、灯泡壁没有气泡，使用过程中遇冷水不会爆裂。风暖核心原件是由单元组合，工作时单元需通电，单元之间是否有一条硅胶绝缘层是判断优劣的有效方法。

233 集成吊顶换气模块的选购技巧

噪声和震动是换气模块在日常使用中主要遇到的问题，因此业主在选购时要重点看看换气扇是否有减震结构或装置；判定换气扇优劣的另一个因素是箱体，优质箱体具有很好的色泽和弹性，能够承受重 70kg 以下的人和物，如果承受不了很可能是使用劣质原料生产的。

234 集成吊顶扣板的选购技巧

扣板厚度并不是越厚越好，优质基材弹性大、强度高、声音清脆；环保性方面，最直接的方法是用鼻子闻，拿一块没有撕膜的扣板，撕掉一角，用鼻子闻一下，有刺鼻气味的肯定不是环保型的。

235 集成吊顶辅材选择很关键

业主在选择集成吊顶时，往往在商家误导下，只关注安装完毕之后能够看到的材料，而厂商为增大利润，便在辅材（安装的主体框架部分，包括三角龙骨、主龙骨、吊杆、吊件等）方面偷换材料。因此很多吊顶安装不到两年，就由于辅材锈蚀或无法承重而出现吊顶变形、下沉甚至塌落等现象。所以要选用全金属安装框架，不仅选用优质钢材制作各种辅件，而且将所有辅件上涂刷抗腐蚀涂层，使整体框架呈现金属色泽。

236 覆膜系列集成吊顶的特点

集成吊顶基本上都是用于厨房、卫生间，最常见的是覆膜系列的吊顶，这种材料花样较多，可供选择的颜色图案比较多样，而且最经济；好的覆膜板表面的 PVC 膜是通过特殊工艺压上去的，根本无法撕去，但是质量差的板材则可以直接撕掉表面的膜。

237 金属系列集成吊顶的特点

金属系列的吊顶，比如不锈钢、拉丝工艺的，这种材料特别有质感，给人酷酷的感觉。如果在金属表面再加上艺术天花，不管是摸起来凹凸有致，还是看起来有凹凸感摸起来却平展光亮，两种效果新工艺都可以做出来，用在阳台、厨房都是不错的选择。

238 纳米系列的吊顶的特点

纳米系列的吊顶，比如滚涂板、控油板，这种板材抗油污、易清洗，有效地解决了中国家庭厨房顶部沾上油污不容易清洗的尴尬局面，而且抗油污纳米板材的外观色彩鲜艳，基材稳定，环保无毒，色彩均匀，用在厨房里比较合适。

239 集成吊顶的清洁技巧

清洁时只需在集成吊顶表面喷洒少量集成吊顶专用去渍剂，然后再用吸水性较强的软布擦洗一下就可以了。擦洗后不会留水渍，而且明亮照人。另外擦洗面板中间部位时用力可以稍大，但擦洗面板四周时，用力要轻，以免影响集成吊顶的平整度。

240 石膏线的基本特征

石膏线具有线条平直，花纹美观，装饰性强，可根据要求选用线条花纹与角形或图案花纹拼制成各种美观的图案进行顶棚装修，且价格便宜，装修成本低，同时装修施工方便，操作简单。并能起到豪华的装饰效果。

241 购买石膏线时需查看图案花纹深浅

一般石膏浮雕装饰产品图案花纹的凹凸应在 10mm 以上，且制作需精细。这样，在安装完毕后，再经表面刷漆处理，依然能保持立体感，体现装饰效果。如果石膏浮雕装饰产品的图案花纹较浅，只有 5~9mm，装饰效果就会差得多。

242 购买石膏线时需查看表面光洁度

由于石膏浮雕装饰产品的图案花纹在安装刷漆时不能再进行磨砂等处理，因此对其表面光洁度的要求较高。

只有表面细腻、手感光滑的石膏浮雕装饰产品在安装刷漆后，才会有好的装饰效果。

243 购买石膏线时需查看产品厚薄

石膏是气密性胶凝材料，石膏浮雕装饰产品必须具有相应厚度，才能保证其分子间的亲和力达到最佳程度，从而保证有一定的使用年限和在使用期内的完整、安全。如果石膏浮雕装饰产品过薄，则不仅使用年限短，而且影响安全。

244 购买石膏线时需查看价格高低

与优质石膏浮雕装饰产品的价格相比，低劣的石膏浮雕产品的价格可便宜 1 / 3 至 1 / 2。这一低廉价格虽对用户具有吸引力，但往往在安装使用后便明显露出缺陷，造成遗憾。

245 石膏线的清洁方法

处理石膏线染上的灰尘时，应该用干净的鸡毛掸子或软毛刷轻轻拂掸，或用干净细软的棉布擦拭，特别要注意的是不能用湿抹布擦，否则会越擦越脏。

对于石膏线上的小块污迹，可以用小刀轻轻地把它表面的薄层刮去；如果是沾上了墨迹，而且又渗透较深，就必须要把墨迹处挖去，然后再用调合过的石膏填补，等待晾干后，用细砂纸打磨平整就可以恢复。

246 石膏线的修复方法

首先用高品质的石膏粉添加上石膏线专用的粘贴胶水，搅拌均匀，然后利用铲刀糊上，依据石膏线的经脉对其进行“雕刻”，等稍稍有些硬度的时候，再刷刷水。其次，倘若对石膏线的颜色不满意的话，可以用涂料刷新。

247 石膏线的搭配技巧

家居空间中，尤其是简装的空间，墙面和顶面之间的衔接过于直白，会产生单调感，这时可采用石膏线来做装饰。它可以根据喜好和风格而定制。有仿古白、金箔色、古铜色等各种色系供选择，可以装饰在门上或墙上，与同系列的装饰线组合使用更出彩。其中欧式风格可搭配石膏板吊顶使用，而现代风格和简约风格可直接在顶面四周粘贴即可。

248 人造板材的含义

人造板材，顾名思义，就是利用木材在加工过程中产生的边角废料，混合其他纤维制作成的板材。人造板材种类很多，常用的有刨花板、中密度板、细木工板（大芯板）、胶合板以及防火板等装饰型人造板。因为它们有各自不同的特点，所以被应用于不同的家具制造领域。

249 天然板材的含义

天然板材取材于具有良好装饰效果的天然木材。其自然属性决定了同一批材料（甚至每张）都存在色泽及纹理的不一致，有的还存在着无法处理的痕迹。天然板材边缘不光滑、多毛刺，其标准厚度均为 3cm。

250 细木工板的基本特征

细木工板俗称大芯板，木芯板，木工板，是由两片单板中间胶压拼接木板而成。细木工板的两面胶粘单板的总厚度不得小于 3mm。各类细木工板的边角缺损，在公称幅面以内的宽度不得超过 5mm，长度不得大于 20mm。中间的木板是由优质天然的木板方经热处理（即烘干室烘干）以后，加工成一定规格的木条，由拼板机拼接而成。拼接后的木板两面各覆盖一层优质单板，再经冷、热压机胶压后制成。

251 细木工板的优缺点

细木工板握钉力好，强度高，具有质坚、吸声、绝热等特点，而且含水率在 10%~13%，且施工简便，用途最为广泛。细木工板虽然比实木板材稳定性强，但怕潮湿，施工中应注意避免用在厨卫。

252 细木工板的常用尺寸

目前，细木工板大量使用于室内装饰装修中，可用作各种家具、门窗套、暖气罩、窗帘盒、隔墙及基层骨架等。其规格为 1220mm×2440mm，厚度有 12mm、15mm、18mm 三种。

253 细木工板的材质类别

细木工板内芯的材质有许多种，如杨木、桦木、松木、泡桐等。其中以杨木、桦木为最好，质地密实，木质不软不硬，握钉力强，不易变形；而泡桐的质地较软，吸收水分大，不易烘干，当水分蒸发后，板材易干裂变形；硬木质地坚硬，不易压制，拼接结构不好，握钉力差，变形系数大。

254 购买细木工板时需查看等级

细木工板的质量等级分为优等品、一等品和合格品，细木工板出厂前，每张板背右下角会加盖不褪色的油墨标记，标明产品的类别、等级、生产厂代号、检验员代号。也有企业将板材等级标为“A 级”、“AA 级”和“AAA 级”，但是这只是企业行为，国家标准中根本没有“AAA级”，目前市场上已经不允许出现这种标注。

255 购买细木工板时需测质量

展开手掌，轻轻平抚细木工板板面，如感觉到有毛刺扎手，则表明质量不高；用双手将细木工板一侧抬起，上下抖动，倾听是否有木料拉伸断裂的声音，有则说明内部缝隙较大、空洞较多。

256 购买细木工板时需闻味道

将鼻子贴近细木工板截面处，闻一闻是否有强烈刺激性气味。如果细木工板散发清香的木材气味，说明甲醛释放量较少；如果气味刺鼻，说明甲醛释放量较多。

257 购买细木工板时需看检测报告

购买细木工板时向商家索取细木工板检测报告和质量检验合格证等文件。目前，家庭装饰中只有 E0 级和 E1 级可以用在室内装饰。如果产品是 E2 级的细木工板，即使是合格产品，其甲醛含量也可能要超过 E1 级细木工板 3 倍多，所以绝对不能用于家庭装饰装修。甲醛释放量 ≤ 0.5mg/L，符合 E0 级标准；甲醛释放量 ≤ 1.5mg/L，符合 E1 级标准。

258 细木工板的保养技巧

① 细木工板因其表面较薄，因此严禁硬物或钝器撞击。

② 使用细木工板时，应在地上横垫 3 根高度在 5cm 以上的木方条，把细木工板平放其上，防止变形、扭曲。

③ 使用细木工板的房间要保持通风良好，防潮湿、防日晒；并且要避免与油污或化学物质长期接触。

259 细木工板从加工工艺上的分类

类　别	内　　容
手工板	是用人工将木条镶入夹层之中，这种板握钉力差、缝隙大，不宜锯切加工，一般只能整张使用，如做实木地板的垫层等
机制板	质量优于手工板，质地密实，夹层树种握钉力强，可做各种家具。但有些小厂家生产的机制板板内空洞多，黏结不牢固，质量很差

260 细木工板从层数上的分类

类　别	内　　容
三层细木工板	在板芯的两个大表面各粘贴一层单板制成的细木工板
五层细木工板	在板芯的两个大表面上各粘贴两层单板制成的细木工板
多层细木工板	在板芯的两个大表面各粘贴两层以上层数单板制成的细木工板

261 进口板材不一定好

现在很多人非常迷信进口板材，认为进口材料就是质量好。其实，木材的生长和本质特征只是跟它的生存环境有关，而且现在国内在一些板材的生产技术上，并不比国外厂商落后，甚至还强于一些厂商。更为重要的是，有些国家对于板材的标准认定也可能比国内的更低，但是只要是进口，很多人就几乎不加选择地认为其是优质货，从而花费了不少冤枉钱。

262 集成板材最不易变形

集成板材是一种新兴的实木材料，采用优质进口大径原木，经深加工成像手指一样交错拼接的木板。由于工艺不同，这种板的环保性能优越，是大芯板含甲醛量的 1/8，价格每张 200 元左右，比高档大芯板略贵一点。但从另一方面看，这种由美国云杉等实木制作的板材可以直接上色、刷漆，要比大芯板省去一道工序，最后算上施工的费用，总费用可能持平。

263 防火板的特性

防火板又名耐火板，其表面硬度高、耐磨、耐高温、耐撞击，表面毛孔细小不易被污染，具有耐溶剂性、耐水性、耐药品性、耐焰性等机械强度。绝缘性、耐电弧性良好及不易老化。防火板表面光泽性、透明性能很好地还原色彩，花纹有极高的仿真性。

264 防火板的类别

类 别	内 容
平面彩色系列	朴素光洁，耐污耐磨，颜色多样。该系列适宜于餐厅、吧台的饰面、贴面

续表

类别	内容
木纹系列	华贵大方，经久耐用，该系列纹路清晰自然。适用于家具、家电饰面及活动式吊顶
石材颜色系列	不易磨损，方便清洁。该系列适用于室内墙面、厅堂的柜台、墙裙等
皮革颜色系列	颜色柔和，易于清洗，该系列适用于装饰橱柜、壁板、栏杆扶手等
细格几何图案系列	图案时尚、个性。该系列适用于镶贴窗台板、踢脚板的表面，以及防火门扇、壁板、计算机工作台等的贴面

265 买防火板需查看检测报告、燃烧等级

选购防火板的时候，注意查看防火板有无产品商标，行业检测报告，产品出厂合格证等，如果没有，建议不要选购。仔细查看产品的检测报告，看产品各项性能指标是否合格，特别是注意查看检测报告中的产品燃烧等级，燃烧等级越高的产品耐火性越好。

266 购买防火板时需查看防火板产品外观

首先要看其整块板面颜色、肌理是否一致，有无色差，有无瑕疵，用手摸有没有凹凸不平、起泡的现象，优质防火板应该是图案清晰、无色差，表面平整光滑、耐磨的产品。

267 购买防火板时需查看防火板产品厚度

防水板的厚度一般为 0.6~1.2mm，一般的贴面选择 0.6~1mm 厚度的就可以了。厚度达到标准且厚薄一致的才是优质的防火板，因此选购的时候，最好亲自测量一下。

TIPS

一般来说，防火板的耐磨、防刮伤等性能要好于三聚氰胺板，三聚氰胺板价格要低于防火板。但是两者因厚度、结构的不同，从而导致性能上有明显的差别，所以在使用中，两者是不能相互替代的，在选购时要特别注意。

268 最好选择成型的防火板材

选购防火板最好不要选择防火板贴面，而应选择购买贴面与板材压制成的防火板材产品。如果由木工粘贴防火板，由于压制不过关，容易遇潮或霉变导致防火板起泡脱落。而专业生产的工厂一般配备了大型压床、高精密度裁板机等设备，可保证防火板达到不易起泡和变形的质量要求。

269 防火板的保养常识

防火板上的灰尘或尘土要用毛刷或吸尘器处理干净。吸尘器的配件，应采用吸窗帘布或墙面的种类，必须以单方向清洁，以免把灰尘再摩擦入板材表面。尘土清洁之后，诸如铅笔印，脏污点或附着的脏物可用一般美术胶擦除净；如用高品质的墙面清洁剂来擦拭，海绵中的水要尽量挤干，擦拭之后，清洁剂的薄膜可用抹布或以海绵蘸少许清水再弄干净。

270 密度板的特性

密度板也称为纤维板，是以木质纤维或其他植物纤维为原料，施加脲醛树脂或其他适用的胶黏剂制成的人造板材。主要用于强化木地板、门板、隔墙、家具等，密度板在家装中主要用混油工艺进行表面处理；一般做家具用的都是中密度板，因为高密度板密度太高，很容易开裂，所以不能做家具。

271 密度板的类别

类 别	内 容
低密度板	表面平坦，密度低、易粘贴、重量轻，可轻松插入图钉，另外价格也相对便宜。而低密度纤维板的结构松散，故强度低，但吸声性和保温性好，主要用于家装吊顶部位装饰
中密度板	表面常贴以三聚氰胺纸或木皮等饰面。其物理性能好，材质均匀，不存在脱水问题，不会受潮变形；表面的三聚氰胺饰面有防潮、防腐、耐磨、耐高温等特点，不需要进行后期处理，甲醛含量低
高密度板	高密度板以其优异的各项物理性能，兼容了中密度板的所有优点，内部组织结构细密，可以加工成各种形状的边缘，并且不必封边，可直接涂饰。因此广泛应用于室内外的装潢、办公、家具、吊顶等装饰。最近几年，它更是取代高档硬木直接加工成复合地板、强化地板等

272 密度板的选购技巧

① 看表面清洁度。清洁度好的密度板表面应无明显的颗粒。颗粒是压制过程中带入杂质造成的，不仅影响美观，而且容易使漆膜剥落。

② 看表面光滑度。用手抚摸表面时应有光滑感觉，如感觉较涩则说明加工不到位。

③ 看表面平整度。密度板表面应光亮平整，如从侧面看去表面不平整，则说明材料或涂料工艺有问题。

④ 看整体弹性。较硬的板子一定是劣质产品。

⑤ 看环保性。根据国家标准，密度板按照其游离甲醛含量的多少可分为E0级、E1级、E2级。E2级甲醛释放量为≤ 5mg/L；E1级甲醛释放量为≤ 1.5mg/L，可直接用于室内装修；E0级甲醛释放量为≤ 0.5mg/L。业主在选购密度板时，应尽量购买甲醛释放量低的产品，这类产品更安全。

273 密度板的保养技巧

不要用大量的水冲洗密度板，注意避免密度板局部长期浸水。如果密度板有了油渍和污渍，要注意及时清除，可以用家用柔和中性清洁剂加温水进行处理，最好采用与密度板配套的专用密度板清洁保护液来清洗。不要用碱水、肥皂水等腐蚀性液体接触密度板表层，更不要用汽油等易燃物品和其他高温液体来擦拭密度板。

密度板要尽量避免强烈阳光的直接照射以及高温人工光源的长时间炙烤，以免密度板表面提前干裂和老化。雨季要关好窗户，以免飘雨浸湿密度板。同时要注意室内的通风，散发室内的湿气，保持正常的室内湿度也有利于密度板寿命的延长。

274 薄木贴面板的特性

薄木贴面板（市场上称之为装饰饰面板）是胶合板的一种，是新型的高级装饰材料，利用珍贵木料如紫檀木、花樟、楠木、柚木、水曲柳、榉木、胡桃木、影木等通过精密刨切制成厚度为 0.2~0.5mm 的微薄木片，再以胶合板为基层，采用先进的胶黏剂和黏结工艺制成。装饰饰面板具有花纹美观、装饰性好、真实感强、立体感突出等特点，是目前室内装饰装修工程中常用的一类装饰面材。

275 薄木贴面板在家居中的应用

装饰饰面板在装修中起着举足轻重的作用，使用范围非常广泛，门、家具、墙面上都会用到，还可用作墙面、木质门、家具、踢脚线等部位的表面饰材，而且种类众多，色泽与花纹上都具有很大的选择性。

276 购买薄木贴面板时需查看表皮厚度

看贴面板的厚度，越厚的性能越好，油漆后实木感越真、纹理也越清晰、色泽鲜明饱和度好。鉴别贴面板厚薄程度的方法是看板的边缘有无沙透，板面有无渗胶，涂水实验看有无泛青、透度现象。如果存在上述问题，则属于面板皮较薄。

277 购买薄木贴面板时需查看美观度

可以根据板面纹理的清晰度和排布来分等级，纹理清晰、色泽协调的为优，色泽不协调，出现有损伤的面板或规则色差，甚至有变色、发黑者则要依其严重程度分为一等、合格或者不合格。

TIPS

看是否翘曲变形，能否垂直竖立自然平放。如果发生翘曲或者板质松软不挺拔、无法竖立者则为劣质板。

278 买薄木贴面板需闻味道、看厂家

要选择甲醛释放量低的板材。可用鼻子闻，气味越大，说明甲醛释放量越高，污染越厉害，危害性越大。另外，应购买有明确厂名、厂址、商标的产品，并向商家索取检测报告和质量检验合格证等文件。

279 人造薄木贴面与天然木质单板贴面的区别

人造薄木贴面与天然木质单板贴面都是常见的家居装饰材料，两者各有优点，前者的价格会相对低些。人造薄木贴面的纹理基本为通直纹理或纹理图案有规则；天然木质单板贴面为天然木质花纹，纹理图案自然，变化性比较大，无规则。

280 榉木饰面板的特点

榉木分为红榉和白榉，纹理细而直或带有均匀点状。木质坚硬、强韧，干燥后不易翘裂，用透明漆涂装效果颇佳。可用于壁面、柱面、门窗套及家具饰面板。

281 水曲柳饰面板的特点

水曲柳分为水曲柳山纹和水曲柳直纹。呈黄白色，结构细腻，纹理直而较粗，胀缩率小，耐磨抗冲击性好。在施工时用仿古油漆，其效果绝不亚于樱桃等高档品种。适用于家居中的客厅、书房、家具的装饰装修。

282 胡桃木饰面板的特点

胡桃木颜色由淡灰棕色到紫棕色，纹理粗而富有变化。用透明漆涂装后纹理更加美观，色泽更加深沉稳重。胡桃木饰面板在涂装前要避免表面划伤泛白，涂装次数要比其他饰面板多 1~2 次。

283 樱桃木饰面板的特点

樱桃木材的弯曲性能好，硬度低，强度中等，耐冲击载荷。暖色赤红，可装潢出高贵感觉，适合搭配典雅高贵的木材，注意不要使用太过火，否则会造成色彩污染。合理使用可营造高贵气派的氛围。价格因木材不同，差距比较大。

284 枫木饰面板的特点

枫木分直纹、山纹、球纹、树瘤等，花纹呈明显的水波纹，或呈细条纹。乳白色，色泽淡雅均匀，硬度较高，胀缩率高，强度低。适用于各种风格的室内装饰。

285 橡木饰面板的特点

橡木可分为直纹和山纹，花纹类似于水曲柳，但有明显的针状或点状纹。有良好的质感，质地坚实，使用年限长，档次较高。

286 花梨木饰面板的特点

花梨木可分为山纹、直纹、球纹等，其耐久性强，耐磨性好，可以刨切成质量极高的饰面单板。饰面用仿古油漆处理后别有一番风味，非常适合用在中式风格的居室内。

287 沙比利饰面板的特点

沙比利饰面板可分为直纹沙比利、花纹沙比利、球形沙比利。加工比较容易，上漆等表面处理的效果良好，特别适用于复古风格的居室。

288 涂料与油漆的区别

一般认为，涂料是水性的漆，而且是低档的，而油漆是高档的。其实，这是一种错误的观念。涂料包含了油漆，它可以分为水性漆和溶剂性（油性）漆。随着石油化学工业的发展，化工产品的层出不穷，现代涂料中的大部分已经脱离了用油生产漆的传统，越来越多的涂料产品通过化工合成制备，性能更优良，使用场合也越来越广，所以称呼涂料，含义更准确。

289 涂料硬度的含义

硬度是指漆膜对于外来物体侵入其表面时所具有的阻力。漆膜硬度是其机械强度的重要性能之一。一般来说，漆膜的硬度与漆的组成及漆膜的干燥程度有关，漆膜干燥得越彻底，硬度越高。

290 防水涂料的特点

防水涂料是由合成高分子聚合物、高分子聚合物、沥青与水泥为主要成膜物质，加入各种助剂、改性材料、填充材料等加工制成的溶剂型、水乳型或粉末型的涂料。该涂料涂刷在建筑物的屋顶、地下室、卫浴和外墙等需要进行防水处理的基层表面上，可在常温条件下形成连续的、整体的、具有一定厚度的涂料防水层。

291 溶剂型防水涂料的特点

在这类涂料中，作为主要成膜物质的高分子材料溶解于有机溶剂中，成为溶液。高分子材料以分子状态存于溶液（涂料）中。

这种涂料具有以下特点：通过溶剂挥发，经过高分子物质分子链接触、搭接等过程而结膜；涂料干燥快，结膜较薄而致密；生产工艺较简易，涂料储存稳定性较好；易燃、易爆、有毒，生产、储存及使用时要注意安全；由于溶剂挥发快，施工时对环境有污染。

292 水乳型防水涂料的特点

这类防水涂料中作为主要成膜物质的高分子材料以极微小的颗粒（而不是呈分子状态）稳定悬浮（而不是溶解）在水中，成为乳液状涂料。

该类涂料具有以下特点：通过水分蒸发，经过固体微粒接近、接触、变形等过程而结膜；涂料干燥较慢，一次成膜的致密性较溶剂型涂料低，一般不宜在 5℃以下施工；储存期一般不超过半年；可在稍微潮湿的基层上施工；无毒、不燃，生产、储运、使用比较安全；操作简便，不污染环境；生产成本较低。

293 反应型防水涂料的特点

在这类涂料中，作为主要成膜物质的高分子材料以预聚物液态形状存在，多以双组分或单组分构成涂料，几乎不含溶剂。

此类涂料具有以下特点：通过液态的高分子预聚物与相应物质发生化学反应，变成固态物（结膜）；可一次性结成较厚的涂膜，无收缩，涂膜致密；双组分涂料需现场以 1：2 配料准确，搅拌均匀，才能确保质量；价格较贵。

294 多彩涂料的特点

多彩涂料的成膜物质是硝基纤维素，以水包油形式分散在水中，一次喷涂可以形成多种颜色的花纹。近年来又出现一种仿瓷涂料，其装饰效果细腻、光洁、淡雅，价格不高，只是施工工艺繁杂，耐湿擦性差。

295 低档水溶性涂料的特点

低档水溶性涂料是由聚乙烯醇溶解在水中，再在其中加入颜料等其他助剂制成。这种涂料的缺点是不耐水、不耐碱，涂层受潮后容易剥落，属低档内墙涂料，适用于一般内墙装修。

此类涂料具有以下特点：价格便宜、无毒、无臭、施工方便。干擦不掉粉，但由于其成膜物是水溶性的，所以用湿布擦洗后总会留下些痕迹；耐久性也不好，易泛黄变色；但其价格便宜，施工也十分方便，目前消耗量仍最大，约占市场的 50%，多为中低档居室或临时居室内墙装饰选用。

296 艺术涂料的特点

所谓艺术涂料，其实就是以各种高品质的具有艺术表现功能的涂料为材料，结合一些特殊工具和施工工艺，可以制造出各种纹理图案的装修材料。严格意义上说，它并不是新技术，欧洲几百年前已经开始使用，而艺术涂料在国内流行也有几个年头。追求精致高端的人群越来越多，艺术涂料的品牌化路线也初露端倪。

297 选购艺术涂料应查看粒子度

取一透明的玻璃杯，盛入半杯清水，然后取少许艺术涂料，放入玻璃杯搅动。凡质量好的艺术涂料，杯中的水仍清澈见底，粒子在清水中相对独立，没黏合在一起，粒子的大小很均匀；而质量差的艺术涂料，杯中的水会立即变得混浊不清，且颗粒大小呈现分化，少部分的大粒子犹如面疙瘩，大部分的则是绒毛状的细小粒子。

298 选购艺术涂料应查看水溶

艺术涂料在经过一段时间的储存后，其中的花纹粒子会下沉，上面会有一层保护胶水溶液。凡质量好的艺术涂料，保护胶水溶液呈无色或微黄色，且较清澈；而质量差的艺术涂料，保护胶水溶液呈混浊状态，明显地呈现与花纹彩粒同样的颜色。

299 选购艺术涂料应查看漂浮物

凡质量好的艺术涂料，在保护胶水溶液的表面，通常是没有漂浮物的（有极少的彩粒漂浮物，属于正常）；但若漂浮物数量多，彩粒布满保护胶水溶液的表面，甚至有一定厚度，则不正常，表明这种艺术涂料的质量差。

300 艺术涂料的清洁方法

艺术涂料墙面的清洁十分简单，可用一些软性毛刷清理灰尘，再以拧干的湿抹布擦拭。优质艺术涂料可以洗刷、耐摩擦，色彩历久弥新。

301 艺术涂料的保养方法

艺术涂料墙的保养方法是每天擦去表面浮灰，定期用喷雾蜡水保养，既有清洁功效，又会在表层形成透明保护膜，更方便日常清洁。另外若在家居中使用，且家中有小孩，注意不要让家中的小朋友在墙上写画，同时应避免锐器损坏。

302 艺术涂料的类别

类　别	内　　容
板岩漆系列	色彩鲜明，具有保温、降噪特性，并呈各类自然岩石的装饰效果；适用于别墅等家居空间、颜色可任意调试
浮雕漆系列	立体质感逼真，涂刷后墙面具有酷似浮雕般的观感效果；适用于已涂上适当底漆的砖墙、水泥砂浆面，以及各种基面装饰
肌理漆系列	具有肌理性，花型自然、随意，异形施工具优势，可配合设计做特殊造型与花纹、花色；适用于形象墙、背景墙、廊柱、立柱、吧台、吊顶、石膏艺术造型
砂岩漆系列	耐候性佳，密着性强，可创造出各种砂壁状的质感，满足设计上的美观需求；适用于平面、圆柱、线板或雕刻板
真石漆系列	具有天然大理石的质感、光泽和纹理，逼真度可与天然大理石相媲美；适用于各种线条、门套线条、家具线条的饰面、背景墙设计
云丝漆系列	质感华丽，令单调的墙体体现立体感和流动感，不开裂、起泡；适合与其他墙体装饰材料配合使用，以及个性形象墙的局部点缀
风洞石系列	堪与真正的石材媲美，且没有石材的冰冷感与放射性，整体感强，比石材价格更低；适用于家居中的转角、圆柱

303 选购防水涂料的技巧

真正的环保防水涂料应有国家认可的检测中心所检测核发的检测报告、产品检测报告和产品合格证。业主在选购防水涂料时，还可以留意产品包装上所注明的产地。进口产品的包装上，产地一栏会详细地注明由某公司生产；而假冒产品则一般只注有出口地，没有涉及生产公司。

304 硅藻泥的特性

硅藻泥是一种以硅藻土为主要原材料的内墙环保装饰壁材，具有消除甲醛、净化空气、调节湿度、释放负氧离子、防火阻燃、墙面自洁、杀菌除臭等功能。由于硅藻泥健康环保，不仅有很好的装饰性，还具有功能性，是替代壁纸和乳胶漆的新一代室内装饰材料。

305 硅藻泥的优点

① 净化空气。硅藻泥能够吸附和分解各种有害气体，消除烟味及异味，具有净化空气，除臭祛味的功能。

② 调节湿度。具有将空气中的水分吸收、储存并适时释放，自动调节室内湿度的功能。

③ 隔声保温。硅藻泥的吸声隔声效果相当于同等厚度的水泥砂浆和石板的 2 倍以上，能够缩短 50% 的余响时间；而隔热保温效果是相同厚度的水泥砂浆效果的 6 倍以上，大大节约了电能和采暖费用。

④ 防火阻燃。硅藻泥还具有防火阻燃的功能，它只有熔点没有燃点，不燃烧、不冒烟、无异味，火灾时也不会产生有毒气体。

⑤ 杀菌消毒。硅藻泥因其独特的分子结构，对水分的吸收和分解能够产生“瀑布效应”，将水分子分解成正负离子，具有极强的杀菌能力，经检测其抑菌率高达 96% 以上。

306 硅藻泥的类别

类 别	内 容
稻草泥	展现在墙体的颗粒较大，添加了稻草，具有较强的自然气息；适用于对环保有追求的家庭，并与乡村风格搭配
扇贝硅藻泥	形状如海边的贝壳，成一定规律地摆列在墙面，以起到装饰空间的效果；适用于造型单调的卧室、儿童房
膏状泥	颗粒较细密、均匀，附着于墙面的凹凸感明显；适合于普遍的家庭空间，由其与实木造型较多的东南亚风格搭配
树状硅藻泥	形状类似树木的皮质，成竖向纹理或横向纹理均匀地排布墙面；在家庭空间中，适合局部造型上的运用，如柱体、背景墙造型的搭配
圆轮硅藻泥	以若干大小不一、纹理相近的圆圈组合成的硅藻泥图案；适合家庭空间的客厅、餐厅的背景墙设计，搭配现代风格出现

307 硅藻泥的选购技巧

① 测试吸水率。购买时要求商家提供硅藻泥样板，现场进行吸水率测试，若吸水量又快又多，则产品孔质完好；若吸水率低，则表示孔隙堵塞，或是硅藻土含量偏低。

② 手触摸检测表面强度。用手轻触硅藻泥，如有粉末粘附，表示产品表面强度不够坚固，日后使用会有磨损情况产生。

③ 引燃样品闻气味。购买时请商家以样品点火示范，若冒出气味呛鼻的白烟，则可能是以合成树脂作为硅藻土的固化剂，遇火灾发生时，容易产生毒性气体。

308 硅藻泥的应用技巧

硅藻泥在空间的使用上，更多的是以装饰效果为主，涂刷于墙面的局部搭配木制造型出现。在客厅的电视背景墙、沙发背景墙、餐厅的进餐背景墙运用最多。或根据墙面设计好的造型选择适合的涂刷位置，或以硅藻泥纹理为主要装饰，辅助一些镜片、石材等装饰四周。

309 硅藻泥墙面的清洁技巧

如果不小心撒上了咖啡、橙汁等污渍，应立即用干净的抹布擦拭，并沾含氯的漂白剂擦拭痕迹；如没有立即清洁而留下污渍，清洁的难度较大，要想清洁干净很难，需要重新修补被玷污的墙面，具体方法是在被玷污的地方刷一层水性底油，待底油干透后，用同色的硅藻泥涂刷遮住弄脏的地方即可。

硅藻泥本身具备多样的纹理性，打破了单调而平滑的乳胶漆的乏味。空间设计上的变化是由造型设计、色彩变化、材料转换组成的，而硅藻泥是众多的喷涂材料中装饰效果突出、纹理选择多样的材料。

310 有香味的涂料要慎买

有香味的涂料选择不当的危害在于，其含有苯等挥发性有机化合物以及重金属。市场上有部分伪劣的“净化”产品，通过添加大量香精掩盖异味，实际上起不到消除有害物质的作用。

买涂料最好选择没有味道的，购买前应打开涂料桶，亲自检查一下：一看，看有无沉降、结块或严重的分层现象，若有，则表明质量较差；二闻，闻着发臭、刺激性气味强烈的质量差。进行墙面涂饰时，还要注意基层的处理，禁止使用 107 胶，也不要用调和漆或清漆，否则会造成甲醛和苯双重污染。

311 钢化涂料的优点

① 墙面钢化涂料无毒、无污染，不会危害人们的身体健康，完全避免了传统涂料，如溶剂型涂料、聚氨酯涂料等含有的大量危害人体健康的有毒物质——甲醛、苯类等物质的存在。

② 墙面钢化涂料具有多种功能，如防虫、防腐、防辐射、防紫外线、隔声阻燃等，而传统涂料功能则较为单一。

③ 墙面钢化涂料的各项性能指标更趋合理，如光洁度、硬度、防潮透气性能、耐湿擦性能、耐热性能、附着力、抗冻性等，比传统涂料有质的突破和飞跃。

④ 墙面钢化涂料使用寿命一般长达 15~20 年，远远长于传统涂料 5 年左右的使用寿命。

312 家有小孩可选择耐清洗的油漆

如果家里有小孩子会在墙面上乱涂乱画，最好选用耐洗的油漆。清洗时可以用橡皮或洗洁精溶液擦洗。应该注意的是，污迹是否能被完全擦除，还和其所使用的笔的类型及涂画后停留的时间有关系。

313 清漆的特点

清漆俗称凡立水，是一种不含颜料的透明涂料，以树脂为主要成膜物质，分为油基清漆和树脂清漆两类。油基清漆含有干性油；树脂清漆不含干性油。常用清漆种类繁多，一般多用于木家具、装饰造型、门窗、扶手表面的涂饰等。

314 清油的特点

清油又称熟油、调漆油，它是以精制的亚麻油等软质干性油加部分半干性植物油，经熬炼并加入适量催干剂制成的浅黄至棕黄色黏稠液体。一般用于调制厚漆和防锈漆，也可单独使用。涂刷清油能够在改变木材颜色的基础上，保持木材原有的花纹，装饰风格自然、纯朴、典雅，但工期较长。清油主要用作木制家具底漆，是家庭装修中对门窗、护墙裙、暖气罩、配套家具等进行装饰的基本漆类之一。

315 乳胶漆的基本特征

乳胶漆是以合成树脂乳液涂料为原料，加入颜料、添料及各种辅助剂配制而成的一种水性涂料，是室内装饰装修中最常用的墙面装饰材料。

316 乳胶漆的优点

① 干燥速度快。在 25℃时，30 分钟内表面即可干燥，120 分钟左右就可以完全干燥。

② 耐碱性好。涂于呈碱性的新抹灰的墙面和顶面及混凝土墙面，不返粘，不易变色。

③ 调制方便，易于施工。可以用水稀释，用毛刷或排笔施工，工具用完后可用清水清洗，十分便利。允许湿度可达 8%~ 10%，可在新施工完

的湿墙面上施工，而且不影响水泥继续干燥。

④ 环保性好。无毒无害、不污染环境、不引火、使用后墙面不易吸附灰尘。

⑤ 适用范围广。水泥、砖墙、木材、三合土、批灰等基层材料，都可以进行乳胶漆的涂刷。

317 乳胶漆的主要性能

① 遮蔽性。覆遮性和遮蔽性使乳胶漆涂刷效果更好、施工时间消耗更少。

② 易清洗性。易清洗性确保了涂面的光泽和色彩的新鲜。

③ 适用性。在施工过程中，不会出现气泡等状况，使得涂面更光滑。

④ 防水功能。弹性乳胶漆具有优异的防水功能，防止水渗透墙面，从而保护墙面。具有良好的抗碳化、抗菌、耐碱性能。

⑤ 可覆盖细微裂纹。弹性乳胶漆具有的特殊“弹张”性能，能延伸及覆盖细微裂纹。

318 通用型乳胶漆的特点

通用型乳胶漆所代表的是一大类乳胶漆，适合不同消费层次的要求，是目前占市场份额最大的一种产品。最普通的为无光乳胶漆，效果白而没有光泽，刷上可确保墙体干净、整洁，具备一定的耐刷洗性，具有良好的遮盖力。

通用型乳胶漆中较为典型的一种是丝绸墙面漆，手感跟丝绸缎面一样光滑、细腻、舒适，从侧面可看出光泽度，正面看不太明显。这种乳胶漆对墙体要求比较苛刻，如若是旧墙翻新，基层稍有不平，灯光一打就会显示出光泽不一致，因此对施工要求也比较高，施工时要求做得非常细致，才能表现出高雅、细腻、精致的效果。

319 抗污乳胶漆的特点

抗污乳胶漆是具有一定抗污功能的乳胶漆，对一些水溶性污渍，例如水性笔印、手印、铅笔印等都能轻易擦掉，一些油渍也能沾上清洁剂擦掉，但对一些化学性物质如化学墨汁等，就无法擦到恢复原样。抗污乳胶漆只是耐污性好些，具有一定的抗污作用，但不是绝对的抗污。

320 抗菌乳胶漆的特点

抗菌乳胶漆除具有涂层细腻丰满、耐水、耐霉等特点外，还有抗菌功能。它的出现推动了建筑涂料的发展。目前，理想的抗菌材料为无机抗菌剂，它分为金属离子型抗菌剂和氧化物型抗菌剂，对常见微生物、金黄色葡萄球菌、大肠杆菌、白色念珠菌及酵母菌、霉菌等具有杀灭和抑制作用。选用抗菌乳胶漆可在一定程度上改善家居生活环境。

321 纳米乳胶漆的特点

纳米复合涂料能大幅度提高涂料的抗老化性、耐洗刷性，其具有耐水、附着力强、光洁度高、抗沾污性强（涂膜的自洁能力）、杀菌和防霉等性能，是新一代高科技含量的绿色环保产品。由于纳米涂料采用纳米级单体浆料及纳米乳液、纳米色浆、纳米杀菌剂、纳米多功能助剂等系列纳米材料生产，与现有乳胶漆所用原料相比有着无可比拟的超细性和独特性，其产品综合性能和质量大大优于同类产品。

322 辨别乳胶漆真假的技巧

① 看。真的乳胶漆看上去比较油嫩，有光泽；开桶，涂料上面漂浮薄薄的类似机油的乳胶剂。大约有 1mm。假的乳胶漆会漂一层薄薄的水。

而且漆带蓝头。

② 闻。真的乳胶漆有淡淡的清香伴有类似泥土味。假的乳胶漆泥土味重带刺鼻味，或者没有一点味道。

③ 抹。真的乳胶漆抹上去特别细腻，润滑。假的乳胶漆涩，有颗粒感。

④ 刷。真的乳胶漆刷起来顺滑，而且遮盖力强。假的没有遮盖力，而且干了以后没有太高的硬度。

323 进口乳胶漆和国产乳胶漆的区别

进口乳胶漆只是在流平性、细度、配色和开罐状态上稍优于国产乳胶漆，其他指标不相上下，但价格比国产乳胶漆高 1~2 倍。进口乳胶漆有一些使人误解的宣传，如 1kg 可刷 8m^2 以上，意在告诉人们每平方米的费用不比国产的贵。但 1kg 是不可能刷这么大面积的。涂层太薄，其性能就难以保证。况且有些进口乳胶漆实际上是国内合资企业生产的，贴上外国公司的商标。而国产乳胶漆也有很多质量比较好的，价格却比进口的乳胶漆低得多，对一般家庭而言，比较适用。

324 根据涂刷的不同部位选用乳胶漆

乳胶漆的功能十分重要，要根据涂刷的不同部位来选用乳胶漆。如，卧室和客厅的墙面采用的乳胶漆要求附着力强，质感细腻，耐分化性和透气性好；厨房、浴室的乳胶漆应具有防水、防霉、易洗刷的性能。卧室选用聚醋酸乙烯类的乳胶漆即可，但厨房、卫浴和阳台顶面易受潮的部位，应选择更耐擦洗的强乙丙或苯丙乳胶涂料。

325 乳胶漆的清洁技巧

由于乳胶漆表层分布着许多均匀颗粒，因此污染物极易吸附在其表面，为了更好地清除污迹，建议直接用布蘸洁洁灵，沿污染处轻轻擦拭，忌用水稀释洁洁灵以及用力旋转擦洗以致把碱性溶液及污物渗入到漆膜表面使其干燥后形成水黄印迹，将污染处擦净后再用潮湿毛巾擦洗一遍即可。

326 木器漆的作用

① 使得木质材质表面更加光滑；
② 避免木质材质直接性被硬物刮伤、划痕；
③ 木器漆有效地防止水分渗入到木材内部造成腐烂；
④ 木器漆有效防止阳光直晒木质家具造成干裂。

327 水性木器漆与油性木器漆的区别

油性漆相对硬度更高、丰满度更好，但是水性漆环保性更好。油性漆使用的是有机溶剂，通常称作“天那水”或者“香蕉水”，有污染，可见水性漆与油性漆在环保和健康方面有本质区别；水性木器漆以其无毒环保、无气味、可挥发物极少、不燃不爆的高安全性、不黄变、涂刷面积大等优点，随着人们环保意识的增强，越来越受到市场的欢迎。

328 天然木器漆的特点

天然木器漆俗称大漆，又有“国漆”之称。从漆树上采割下来的汁液称为毛生漆或原桶漆，用白布滤去杂质称为生漆。天然木器漆不仅附着力强、硬度大、光泽度高，而且具有突出的耐久、耐磨、耐水、耐油、耐溶剂、耐高温、耐土壤与化学药品腐蚀的优异性能。天然漆膜的色彩与光泽具有独特的装饰性能，是古代建筑、古典家具（尤其是红木家具）、木雕工艺品等的理想涂饰材料，不仅能增加制品的审美价值，而且能使制品经久耐用提高其使用价值。

329 常见木器漆的优缺点

类　别	优　点	缺　点
硝基漆	干燥速度快、易翻新修复、配比简单、施工方便、手感好	环保性相对较差，容易变黄，丰满度和高光泽效果较难做出，容易老化
聚酯漆	硬度高，耐磨、耐热、耐水性好，固含量高（50%~70%），丰满度好，施工效率高，涂装成本低，应用范围广	施工环境要求高，漆膜损坏不易修复，配漆后使用时间受限制，层间必须打磨，配比严格
水性木器漆	环保性相对较高，不易黄变、干燥速度快、施工方便	施工环境要求温度不能低于5℃或相对湿度低于85%，全封闭工艺的造价会高于硝基漆、聚酯漆产品

330 购买木器漆应查看其外包装标识

挑选木器漆时，要注意看产品外包装的标签标识，优质木器漆的标识应详细罗列出产品信息，其中包括简介、主要成分、表面预处理以及施工方法、中国环保认证标志等，购买时更可以要求商家出示产品各项资质证书。

331 购买木器漆应查看木器漆涂刷样品

正规涂料商家都会提供木器漆的涂刷样品供消费者对比参考，消费者可多对比几个不同型号木器漆的样品，尽量选择样品漆膜细腻平滑、平整无瑕疵的木器漆。

332 购买木器漆应用手晃动

提起木器漆桶，然后前后晃动，看其是否出现响声。好的木器漆因为浓稠度与黏度足够大，达到优质乳胶漆应有的标准，所以并无明显的声响产生；而差的木器漆刚好相反，晃动时会发出稀里哗啦声，说明包装不足，黏度较低。

333 木器漆家具应避免接触高温物体

木器漆涂装家具可以承受热水杯的高温，但切忌靠近火炉和暖器片等取暖器，以免高温烘烤致使木器家具变形，导致漆膜表面开裂、剥落。

334 木器漆家具应用纱布擦拭、定期上蜡

木器漆家具表面漆膜要经常用柔软的纱布擦拭，减少灰尘污迹，并定期用汽车上光蜡或地板蜡擦拭，可以使表面漆膜光亮如新。

335 木器漆家具可用肥皂水或洗洁精除污渍

若木器漆家具表面漆膜沾上污渍，要立即用低浓度肥皂水或洗洁精水洗去，再用清水洗净、拭干，最后用汽车上光蜡擦拭即可。

336 常用的墙绘材料

丙烯颜料是用一种化学合成胶乳剂与颜色微粒混合而成的新型绘画颜料。它干燥后为柔韧薄膜，坚固耐磨，耐水，抗腐蚀，抗自然老化，不褪色，不变质脱落，画面不反光，画好后易于冲洗，适合用于架上画、室内外壁画等。它可以一层层反复堆砌，画出厚重的感觉；也可加入粉料及适量的水，用类似水粉的画法覆盖重叠，画面层次丰富而明朗；如

在颜料中加入大量的水分，可以画出水彩、工笔画的效果，一层层烘染、推晕、透叠，效果纯净透明。

337 墙面彩绘的作用

墙面彩绘，顾名思义，是运用绘画的方法把一些图案装饰到墙上的一种装饰形式。这种装饰形式弥补了原来墙面装饰形式的不足，它不但会改变墙面乳胶漆装饰的单调，令自然气息与活力扑面而来，而且可以很好地结合装修中其他家具的特点，使整个家居风格得到更好的协调。

338 墙绘能长久保持不褪色

墙绘能保持 10 多年不褪色，与墙面基本同寿命，除非是墙面本身的涂料质量不好，才会导致掉皮，因为丙烯是与水混合后直接溶到墙面上去的。处理灰尘与污斑直接用干毛巾或稍微湿一些的抹布擦拭即可。

339 墙绘的作画时间

一般分两种情况：正在装修的墙面乳胶漆已刷好或家具已进入的时候。两种情况各有优劣。前一种是在装修前期墙绘工作组已介入设计，后一种是根据家庭装饰来设计墙绘，以达到墙绘的美感最大化。

TIPS

应当注意的是：丙烯画应在丙烯涂料制作的底子上绘制，不要用油质底子作画。材料专家也不主张丙烯与油画色混合使用，尤其不要在丙烯底子上画油画，这主要是为了作品的永久性保存。丙烯与油画颜料之间并没有不良反应，交替使用时，其附着力有待于时间的检验。

340 适用于阳台的涂料类型

① 环氧树脂涂料具有良好的耐水性、黏附性和耐化学腐蚀性，适用于住宅的阳台，但价格偏高。

② 无机高分子涂料具有良好的耐水性、耐候性、耐污染性，并具有表面硬度高、成膜温度低等优点，也适用于阳台。

341 石材工程不能重材质而轻技法

一些业主和施工人员对石材的色泽、质地重视有加，但对石材色系的搭配、施工的技术含量却普遍重视不够，片面强调材料本身的“质量为王”，结果可能会由于技法欠佳而影响装饰效果。

342 石材工程不能只重初期投入，忽视后期的养护

“三分质地，七分养护”是装饰用石材的“铁律”。但在实际应用中，人们往往只看重材料的质地、环保等属性，买材料时舍得花钱，然而一旦装修完毕，在使用过程中不注意定期养护，这会大大影响石材外观、内质的持续性。

343 常见的天然大理石

类 别	内 容
金线米黄	产地埃及，是米黄系列的一种，其反切面金碧辉煌。其性价比高，可用于台面、门窗套、墙面等处
黑金沙	分为大花黑金沙、中花黑金沙、小花黑金沙三种花点。金点越大价格越贵。居家装修一般以中点为主。它吸水率低，硬度高，比较适合当作过门石
中花白	质地细密，性质均匀统一，放射性极低。适合用作柱子、台面、电视背景墙等
红龙玉	颜色亮丽，花纹美观大方，容易加工、杂质少，适合用作台面装饰
啡网纹	浅褐、深褐与浅白的错综交替，呈现纹理鲜明的网状效果，质感极强，纹理深邃，立体感强，适合用作地面装饰
金碧辉煌	和金线米黄一样同属于米黄系列。其纹路自然，硬度低、容易加工，性价比高。适合用作地面、墙面、台面板等

344 天然大理石的选购技巧

① 看色调。色调基本一致、色差较小、花纹美观是大理石品质优良的具体表现，否则会严重影响装饰效果。

② 看光泽度。优质大理石板材的抛光面应具有镜面一样的光泽，能清晰地映出事物。

③ 看纹路。大理石最吸引人的是花纹，选购时要考虑纹路的整体性，纹路颗粒越细致，代表品质越佳；若表面有裂缝，则表示有破裂的风险。

④ 测硬度。用硬币敲击大理石，声音较清脆的表示硬度高，内部密度也高，抗磨性较好；若是声音沉闷，就表示硬度低或内部有裂痕，品质较差。

345 大理石的清洁方法

时常给大理石除尘，可以的话一天一次，清洁时少用水，以微湿带有温和洗涤剂的布擦拭，然后用清洁的软布抹干、擦亮，使其恢复光泽；平时可用液态擦洗剂仔细擦拭，如用柠檬汁或醋清洁污痕，但柠檬汁停留在上面的时间最好不超过 2 分钟，必要时可重复操作，然后清洗并擦干。

346 处理大理石擦伤的方法

平时应注意防止铁器等重物磕砸石面，以免出现凹坑，影响美观。轻微擦伤可用专门的大理石抛光粉和护理剂处理；磨损严重的大理石，可用钢丝绒擦拭，然后用电动磨光机磨光，使其恢复原有的光泽。

347 大理石的保养方法

用温润的水蜡保养大理石的表面，既不会阻塞石材细孔，又能够在表面形成防护层，但是水蜡不能持久，最好可以 3~5 个月保养一次；使用两到三年后最好为大理石重新抛光；如果大理石的光泽变暗淡，修复的方法只有一个，那就是重新研磨。

348 厨房不适合用天然石材

有些家庭为了达到室内地材的统一，在厨房也使用如花岗岩、大理石等天然石材。虽然这些石材坚固耐用、华丽美观，但是天然石材不防水，长时间有水点溅落在地上会加深石材的颜色，使其变成花脸。如果大面积湿了，就会比较滑。因此，潮湿的厨房地面不适合用天然石材。

349 人造大理石的特点

人造大理石通常是以天然大理石或花岗岩的碎石为填充料，用水泥、石膏和不饱和聚酯树脂等为粘剂，经搅拌成型、研磨和抛光后制成，所以人造大理石有许多天然大理石的特性，另外，人造大理石由于可人工调节，所以花色繁多、柔韧度较好、衔接处理不明显、整体感非常强，而且绚丽多彩，具有陶瓷的光泽，外表硬度高、不易损伤、耐腐蚀、耐高温，而且非常容易清洁。

350 人造大理石的类别

类　别	内　容
极细颗粒人造石	没有明显的纹路，但石材中的颗粒感极细，装饰效果非常美观。可用于墙面、窗台及家具台面或地面的装饰
较细颗粒人造石	颗粒感比极细粗一些，有的带有仿石材的精美花纹。可用于墙面或地面的装饰
适中颗粒人造石	较为常见，价格适中，颗粒感大小适中，应用较广泛。可用于墙面、窗台及家具台面或地面的装饰
有天然物质人造石	含有石子、贝壳等天然物质，产量较少，价格比其他品种贵可用于墙面、窗台及家具台面的装饰

351 人造大理石的选购技巧

① 用眼睛看。一般质量好的人造石，其表面颜色比较清纯，板材背面不会出现细小的气孔。

② 用鼻子闻。劣质的人造石会有很明显的刺鼻的化学气味，而优质的则不会。

③ 用手摸。优质的人造石表面会有很明显的丝绸感，而且表面非常平整，而劣质的则不然。

④ 用指甲划。相信很多人都试过这个方法，这也确实是一个比较有效的方法，优质的人造石，用指甲划，不会有明显的划痕。

⑤ 互敲击。可以选择有线条的两块大理石，然后进行相互敲击，如果很容易就碎了，那么就是劣质的；如果不会，证明质量较好。

⑥查认证。一个产品，首先要检查其有无 ISO 质量体系认证、质检报告等，这可以在第一步就防止自己被骗。

352 劣质的人造大理石危害大

正因为人造大理石是人为制造而成的，所以具有许多的不可控因素，一些生产厂家为了降低成本，在制造过程中利用劣质材料，产品含甲醛、苯等有害物质。这类板材一般都有一个共同的特点，有刺鼻的化学异味，色彩不够自然。甲醛和苯将会在未来的很长一段时间内自然挥发，进而进入人体内，对人体造成极大的伤害。

353 人造大理石的保养技巧

人造石材的日常维护只需用海绵加中性清洁剂擦拭，就能保持清洁。若要对人造石材消毒，可用稀释后的日用漂白剂（与水调和 1：3 或 1：4）或其他消毒药水来擦拭其表面。消毒后用毛巾及时擦去水渍，尽量保持台面干燥。

354 亚光人造石材的清洁方法

亚光表面人造石材可用去污性清洁剂以画圆方式打磨，然后清洗，再用干毛巾擦干。可以每隔一段时间就用百洁布把整个台面擦拭一遍，使其表面保持光洁。

355 半亚光人造石材的清洁方法

半亚光表面人造石材可以用百洁布蘸非研磨性的清洁剂以画圆方式打磨，再用毛巾擦干，并用非研磨性的抛光物来增强表面光亮效果。

356 高光人造石材的清洁方法

高光表面人造石材可用海绵加非研磨性的亮光剂打磨。特难除去的污垢，可用 1200 目的砂纸打磨，然后用软布和亮光剂（或家具蜡）提亮。

357 花岗岩的特点

花岗岩又称为岩浆岩（火成岩），主要矿物质成分有石英、长石和云母，是一种全晶质天然岩石。按晶体颗粒大小可分为细晶、中晶、粗晶及斑状等多种，颜色与光泽由长石、云母及暗色矿物质的多少而定，通常呈现灰色、黄色、深红色等。优质的花岗岩质地均匀，构造紧密，石英含量多而云母含量少，不含有害杂质，长石光泽明亮，无风化现象。

358 天然花岗岩的加工方式类别

类　别	内　　容
斧剁板材	石材表面经手工斧剁加工，表面粗糙，质感粗犷，具有规则的条状斧纹
机刨板材	石材表面用机械刨平，表面平整，质感比较细腻，有相互平行的刨切纹
粗磨板材	石材表面经过粗磨，平滑但无光泽
磨光板材	石材表面经过精磨和抛光加工，表面平整光亮，颜色绚丽多彩，晶体结构纹理清晰

359 花岗岩的应用方法

花岗岩是一种优良的建筑石材，它常用于基础、桥墩、台阶、路面；也可用于砌筑房屋、围墙。在室内一般应用于墙、柱、楼梯踏步、地面、厨房台柜面、窗台面等的铺贴。花岗岩的大小可随意加工，用于铺设室内地面的厚度为20~30mm，铺设家具台柜的厚度为18~20mm等。

360 花岗岩的选购技巧

① 观察表面结构。一般说来均匀细料结构的花岗岩具有细腻的质感，是质量好的；另外花岗岩受地质作用的影响，常在其中有一些细脉和微裂隙，石材最易沿这些部位发生破裂，应注意剔除。至于缺棱少角更是影响美观，选择时尤应注意。

② 量尺寸规格。目的是避免影响拼接或造成拼接后的图案、花纹、线条变形，影响装饰效果。

③ 听敲击声音。一般而言质量好的、内部致密均匀且无显微裂隙的花岗岩，其敲击声清脆悦耳；相反若石材内部存在显微裂隙或细脉，或因风化导致颗粒间接触变松，则其敲击声粗哑。

④ 测试质量。即用简单的试验方法来检验花岗岩的质量好坏。通常是在花岗岩的背面滴上一小滴墨水，如墨水很快四处分散浸出，即表示花岗岩内部颗粒较松或存在显微裂隙，质量不好；反之则说明内部致密，质量好。

361 花岗岩的保养方法

花岗岩经过长期使用，其亮度会降低，因此最好定期请专人抛光研磨，使其恢复亮度。由于花岗岩的吸水性强，因此极易在石材拼缝处形成水斑，且不易晾干，很难根除。因此保养时，尽量少用水，即使用水也应快速吸干。

362 处理花岗岩表面涂料的方法

油漆或颜料滴落在花岗石上时，除了黏附在其表面上，还有一部分会渗透进浅表层。清洗前应先用薄薄的刀片剥离石材表面之上的污染薄层，然后再用清洗剂清洗。

363 处理花岗岩表面污垢的方法

如果花岗岩上有油污、积灰和不明污垢等，可使用含有表面活性剂的清洗剂来清洗。清洗时先将清洗剂倒在作业面上，用略硬一点的刷子刷开，浸泡 10 分钟左右，再用刷子来回擦洗，然后清理掉污液，再用清水擦洗两遍。

364 家庭不适合大面积铺花岗岩

石材的放射性与地质结构、生成年代和条件有关。目前，用于装饰的石材多为大理石、花岗岩。从国家质量技术监督部门对各类石材的抽测结果看，花岗岩放射性较高，超标的种类较多，而大理石放射性结果检验基本合格。花岗岩中的镭放射后产生的气体——氡，若长期被人体吸收、积存，会在体内形成内辐射，使肺癌的发病率提高。因此，花岗岩不宜在室内大量使用，尤其不要在卧室、儿童房中使用。

365 天然文化石的特点

天然文化石材质坚硬，色泽鲜明，纹理丰富、风格各异。具有抗压、耐磨、耐火、耐寒、耐腐蚀、吸水率低等优点。天然文化石最主要的特点是耐用，不怕脏，可无限次擦洗。但装饰效果受石材原纹理限制，除了方形石外，其他的施工较为困难，尤其是拼接时。

366 人造文化石的特点

人造文化石是采用浮石、陶粒、硅钙等材料经过专业加工精制而成的。人造文化石是采用高新技术把天然形成的每种石材的纹理、色泽、质感以人工的方法进行升级再现，效果极富原始、自然、古朴的韵味。高档人造文化石具有节能环保、质地轻、色彩丰富、不霉、不燃、抗融冻性好、便于安装等特点。

367 人造文化石的优点

① 质地轻。比重为天然石材的 1/3~1/4，无须额外的墙基支撑。

② 经久耐用。不褪色、耐腐蚀、耐风化、强度高、抗冻性与抗渗性好。

③ 绿色环保。无异味、吸声、防火、隔热、无毒、无污染、无放射性。

④ 防尘自洁功能。经防水剂工艺处理，不易粘附灰尘，风雨冲刷即可自行洁净如新，免维护保养。

⑤ 安装简单，费用省。无需将其铆在墙体上，直接粘贴即可；安装费用仅为天然石材的 1/3。

⑥ 可选择性多。风格颜色多样，组合搭配使墙面极富立体效果。

368 文化石的选购技巧

① 看表面。在选购文化石时，应注意观察其样式、色泽、平整度，看看材质是否均匀，没有杂质。用手摸文化石的表面，如表面光滑没有涩涩的感觉，则质量比较好。

② 闻气味。可以通过闻气味来鉴别文化石的优劣，如无气味则证明文化石比较纯正。

③ 用火烧。取一块细长的文化石小条，放在火上烧，质量差的文化石很容易烧着，且燃烧很旺，质量好的文化石是烧不着的，除非加上助燃的东西，而且会自动熄灭。

④ 看质地。用一枚硬币在文化石表面划一下，质量好的不会留下划痕。取一块文化石样品，使劲往地上摔，质量差的文化石会摔成粉碎性的很多小块；质量好的顶多碎成两三块，而且如果用力不够，还能从地上弹起来。

369 文化石的保养技巧

① 文化石安装完成后，如发现石头表面被灰浆粘污，需等到灰浆半干的时候用小刷子刷掉，一定不能使用湿的刷子。

② 文化石安装、清洁完成后，需做一次整体防水处理，一般采用水性防水涂料，特别是勾缝部分要全部处理到位。在日常的清洁中，一般使用碱性的清洗剂进行清洗。

③ 若文化石被圆珠笔画到，不易清洗；若不慎弄脏，可用砂纸磨掉。

370 实木地板的基本特征

实木地板（又称原木地板）是采用天然木材，经加工处理后制成条板或块状的地面铺设材料，基本保持了原料的自然花纹。脚感舒适、使用安全是其主要特点，且具有良好的保温、隔热、吸声、绝缘性能。早期的实木地板施工和保养比较复杂，完工后须上漆打蜡，现今市面上所售卖的基本上是成品漆板，甚至是烤漆板，使用简便。

371 实木地板的优点

① 隔声隔热。实木地板材质较硬，具有致密的木纤维结构，导热系数低，阻隔声音和热气的效果优于水泥、瓷砖和钢铁。

② 调节湿度。气候干燥时，木材内部的水分会释出；气候潮湿时，木材会吸收空气中的水分。木地板通过这种吸收和释放水分的功能，把居室空气湿度调节到人体感最为舒适的水平。科学研究表明，长期居住在木

屋里的人，平均可以延长寿命 10 年。

③ 冬暖夏凉。冬季，实木地板的板面温度要比瓷砖的板面温度高 8~10℃，人在木地板上行走无寒冷感；夏季，铺设实木地板的居室温度要比铺设瓷砖的房间温度低 2~3℃。

④ 绿色无害。实木地板用材取自森林，使用无挥发性的耐磨油漆涂装，从材种到漆面均绿色无害，不像瓷砖有辐射，也不像强化地板有甲醛，是唯一天然绿色无害的地面建材。

372 实木地板的缺点

实木地板的缺点为难保养，且对铺装的要求较高，一旦铺装得不好，会造成一系列问题，诸如有声响等。如果室内环境过于潮湿或干燥，实木地板容易拱起、翘曲或变形。铺装好之后，还要经常打蜡、上油，否则地板表面的光泽会很快消失。

373 实木地板的加工工艺类别

类 别	内 容
企口实木地板（也称榫接地板或龙凤地板）	该地板在纵向和横向都开有榫槽，榫槽一般都小于或等于板厚的 1/3，槽略大于榫。绝大多数背面都开有抗变形槽
指接地板	由等宽、不等长的板条通过榫槽结合、胶粘而成的地板块，接成以后的结构与企口地板相同
集成材地板（拼接地板）	由等宽小板条拼接起来，再由多片指接材横向拼接，这种地板幅面大、尺寸稳定性好
拼方、拼花实木地板	由小块地板按一定图形拼接而成，其图案有规律性和艺术性。这种地板生产工艺复杂，精密度也较高

374 实木地板的等级划分

实木地板分 AA 级、A 级、B 级三个等级，AA 级质量最高。由于实木地板相对比较娇气，安装也较复杂，尤其是受潮、暴晒后易变形，因此，选择实木地板要格外注重木材的品质和安装工艺。

375 实木地板的规格

实木地板的一般规格宽度在 90~120mm，长度在 450~900mm，厚度为 12~25mm。优质实木地板价格较高，含水率均控制在 10%~15%。

376 红檀实木地板的特点

红檀是商用名，学名“铁线子”，产地以南美居多。由于其木材纹理较细腻，可减少拼花色及纹理的损耗，所以比较适合大面积地运用，但由于颜色偏红，因此在与家具的搭配上有一些难度。红檀本身木质较硬，弹性较好，不过收缩性较差，所以建议使用免漆地板。在施工过程中，注意不要损坏地板，因其受损变形后很难恢复。

377 芸香实木地板的特点

芸香是商用名，学名“巴福芸香”或“德鲁达茄”，产地印尼。芸香地板木质坚硬，花纹细腻，纹路简单，不论是漆板还是素板，都能达到完美的整体效果。

378 甘巴豆实木地板的特点

商用名是康帕斯，由于此木种的产地较多，所以导致其品质也各不相同。通常情况下，会以价格来判定此木种的优劣。

379 花梨木实木地板的特点

地板所用的花梨木并不是家具所用的木种，两者不可混为一谈。花梨木是商用名，学名“大果檀木”，产于南美，隶属于檀木。其本身的木质较为稳定，不易干裂。并且，由于檀木本身含油脂量较高，且有香气散发，因此防腐、抗蛀、防潮性都较好。

380 紫檀木实木地板的特点

紫檀木种产于东印尼半岛及马来西亚，学名“蚁木”。其木材为新者色彩殷红，老者呈紫色，质地坚实细密，入水则沉，耐久力强，具有光泽美丽的花纹与条纹，是比较高档的地板材料。

381 黄檀木实木地板的特点

黄檀木属于檀木的一种，其学名为“厚果榄”，产于南美。与其他檀木的区别在于黄檀本身木质花纹分直纹和山纹两种。

382 柚木实木地板的特点

柚木多产于印尼、缅甸、泰国、南美等地，由于柚木本身木质很硬，不易变形，故使用较多。我国自 1998 年以来已经明令禁止从泰国进口柚木，所以目前市场上打着“泰国进口”招牌的柚木地板大多数是假冒的。

383 实木地板选购时应检查基材的缺陷

看地板是否有死节、活节、开裂、腐朽、菌变等缺陷。由于实木地板是天然木制品，客观上存在有色差和花纹不均匀的现象，如若过分追求地板无色差，是不合理的，只要在铺装时稍加调整即可。

384 实木地板选购时应注意识别材种

有的厂家为促进销售，给木材冠以各式各样不符合木材学的美名，如樱桃木、花梨木、金不换、玉檀香等名称；更有甚者，以低档充高档，业主一定不要为名称所迷惑，应弄清材质，以免上当。

385 实木地板选购时应观测木地板的精度

木地板开箱后，可取出 10 块左右徒手拼装，观察企口咬合、拼装间隙、相邻板间高度差。严丝合缝，手感无明显高度差即可。

TIPS

实木地板并非越长、越宽越好。中短长度的地板不易变形；反之，长度、宽度过大的木地板相对容易变形。

386 实木地板选购时应测量地板的含水率

国家标准规定，木地板的含水率应为8%~13%，我国不同地区含水率要求均不同。一般木地板的经销商应有含水率测定仪，如果没有，则说明其对含水率这项技术指标不重视。购买时，先测展厅中选定的木地板的含水率，然后再测未开包装的同材种、同规格的木地板的含水率，如果相差在2%以内，可认为合格。

387 实木地板选购时应确定地板的强度

一般来讲，木材密度越高，强度也越大，质量越好，价格当然也越高。但不是家庭中所有空间都需要高强度的地板，客厅、餐厅等这些人员流动大的空间可选择强度高的品种，如巴西柚木、杉木等；卧室则可选择强度相对低些的品种，如水曲柳、红橡、山毛榉等；而老人住的房间则可选择强度一般，却十分柔和温暖的柳桉、西南桦等。

388 实木地板选购时应注意销售服务

最好去品牌信誉好、美誉度高的企业购买，除了质量有保证之外，正规企业都对产品提供一定的保修期，凡在保修期内发生翘曲、变形、干裂等问题，厂家负责修换，可免去业主的后顾之忧。

一般 $20m^2$ 的房间，材料损耗在 $1m^2$ 左右，所以在购买实木地板时，不能按实际面积购买，以防止日后地板的搭配出现色差等问题。

389 实木地板的清洁技巧

日常清洁使用拧干的棉拖把擦拭即可，如遇顽固污渍，可使用中性清洁溶剂擦拭后再用拧干的棉拖把擦拭，切勿使用酸、碱性溶剂或汽油等有机溶剂擦洗。另外，油渍、油漆、油墨可使用专用去渍油处理。

390 实木地板的保养技巧

日常使用时要注意避免金属锐器、玻璃瓷片等坚硬物器划伤地板。搬动家具时也不要在地板表面拖挪；定期清扫地板、吸尘，防止沙子或摩擦性灰尘堆积而刮擦地板表面。可在门外放置蹭鞋垫，以免将沙子或摩擦性灰尘带入室内；为了保持实木地板的美观并延长漆面使用寿命，建议每年上蜡保养两次。上蜡前先将地板擦拭干净，然后在表面均匀地涂抹一层地板蜡，稍干后用软布擦拭，直到其平滑光亮。

391 实木复合地板的特点

实木复合地板具有天然木质感、容易安装维护、防腐防潮、抗菌且适用于地热等优点。其表层为优质珍贵木材，不但保留了实木地板的木纹优美、自然的特性，而且大大节约了优质珍贵木材的资源。表面也大多涂以 5 层以上的优质 UV 涂料，不仅有较理想的硬度、耐磨性、抗刮性，而且阻燃、光滑、便于清洁。芯层大多采用廉价的材料，成本虽然要比实木地板低很多，但其弹性、保暖性等完全不亚于实木地板。

392 实木复合地板的优点

① 良好的地热适应性能。多层实木复合地板可应用在地热采暖环境，解决了实木地板在地热采暖环境中无法使用的难题。

② 稳定性强。由于实木复合地板优异的结构特点，从技术上保证了地板

的稳定性。

③ 施工安装更加简便。实木复合地板通常幅面尺寸较大，而且可以不加龙骨直接采用悬浮式方法安装，从而使安装更加便捷，大大降低了安装成本和安装时间，也避免了因龙骨而引起的产品质量事故。

④ 优异的环保性能。由于实木复合地板采用的实体木材和环保胶黏剂是通过先进的生产工艺加工制成，因此环保性能较好，符合国家环保强制性标准。

⑤ 更加丰富的装饰性能。实木复合地板面层多采用珍贵天然木材，具有独特的色泽、花纹，再加上表面结构的设计和染色技术的引入，使实木复合地板的装饰性能更加丰富。

393 实木复合地板的选购技巧

① 注意板材。要注意实木复合地板各层的板材都应为实木，而不像强化复合地板以中密度板为基材，两者无论是在质感上，还是在价格上都有很大区别。

② 并不是板面越厚，质量越好。三层实木复合地板的面板厚度以 2~4mm 为宜，多层实木复合地板的面板厚度以 0.3~2mm 为宜。

③ 看树种和花纹。实木复合地板的价格高低主要是根据表层地板条的树种、花纹和色差来区分的。表层的树种材质越好、花纹越整齐、色差越小，价格越贵；反之，树种材质越差、色差越大、表面节疤越多，价格就越低。

④ 试拼。购买时最好挑几块试拼一下，观察地板是否有高低差，质量较好的实木复合地板其规格尺寸的长、宽、厚应一致，试拼后，其榫、槽接合严密，手感平整，反之则会影响使用。

⑤ 看含水率。在购买时，还应注意实木复合地板的含水率，因为含水率是关系到地板变形的主要因素。可向销售商索取产品质量报告等相关文件进行查询。

TIPS

由于实木复合地板需用胶来黏合，所以甲醛的含量也不应忽视，在购买时要注意挑选有环保标志的优质地板。

可向销售商索取产品质量测试数据。我国国标已明确规定，采用穿孔萃取法测定甲醛浓度小于 40mg/100g 以下的均符合国家标准。或者从包装箱中取出一块地板，用鼻子闻一闻，若闻到一股强烈刺鼻的气味，则证明板材中甲醛浓度已超过标准，不应购买。

394 实木复合地板的清洁方法

实木复合地板在清洁时，不能用滴水的拖把或者碱性、肥皂水等液体清洁，容易破坏木地板表面的油漆。

在遇到实木复合地板大面积积水时，除了把地面的水清理干净之外，还应打开窗户通风透气，或者用电扇吹干。切忌让阳光暴晒或用取暖器直接烘烤，这样容易造成木地板提前老化，开裂。

395 实木复合地板打蜡的技巧

一般 3~5 个月进行一次。打蜡要选择合适的时间，一般选择晴朗的天气，下雨天或潮湿天气容易使地板表面因清洁不干净而泛白；而气温太低，地板蜡容易冻结。

396 根据家居环境搭配实木复合地板

实木复合地板的颜色应根据家庭装饰面积的大小、家具颜色、整体装饰格调等而定。例如，面积大或采光好的房间，用深色实木复合地板会使房间显得紧凑；面积小的房间，用浅色实木复合地板给人以开阔感，使房间显得明亮。家具颜色偏深时可用中色实木复合地板进行调和；家具颜色偏浅时则可选一些暖色实木复合地板。

397 强化复合地板的特点

强化复合地板由于工序复杂，配材多样，具有耐磨、阻燃、防潮、防静电、防滑、耐压、易清理等特点；同时，还具有纹理整齐、色泽均匀、强度大、弹性好、脚感好等特征；且有效避免了木材受气候变化而产生的变形、虫蛀、受潮及需经常性保养等问题。由于其质地轻、规格统一，故便于施工安装（无需龙骨），小地面不需胶接，通过板材本身槽榫胶接，直接铺在地面上，节省工时及费用。

398 强化复合地板的优点

① 耐磨。约为普通漆饰地板的 10~30 倍以上。

② 美观。可仿真出各种木纹和图案、颜色。

③ 稳定。彻底打散了原来木材的组织，弥补了木材湿胀干缩的不足，尺寸极稳定，尤其适用于地暖系统的房间。此外，还有抗冲击、抗静电、耐污染、耐光照、耐香烟灼烧、安装方便、保养简单等特点。

399 强化复合地板的常见尺寸

强化复合地板的规格长度为 900~1500mm，宽度为 180~350mm，厚度分别有 6mm、8mm、12mm、15mm、18mm，厚度越高，价格越高。目前市场上售卖的强化复合地板以厚度 12mm 的居多。高档的强化复合地板还会增加约 2mm 厚的天然软木，有实木脚感，噪声小、弹性好。

400 强化复合地板的选购技巧

① 检测耐磨转数。这是衡量强化复合地板质量的一项重要指标。一般而言，耐磨转数越高，地板可使用的时间越长。强化复合地板的耐磨转数达到 1 万转为优等品，不足 1 万转的产品，在使用 1~3 年后就可能出

现不同程度的磨损现象。

② 注意吸水后的膨胀率。此项指标在 3%以内可视为合格，否则地板在遇到潮湿，或在湿度相对较高、周边密封不严的情况下，就会出现变形现象，影响正常使用。

③ 注意甲醛含量。按照国家标准，每 100g 地板的甲醛含量不得超过 40mg，如果超过 40mg 属不合格产品。其中，A 级产品的甲醛含量应低于 9mg /100g。

④ 观察测量地板厚度。目前，市场上地板的厚度一般在 6~18mm，同等价格范围内，选择时厚度厚些为好。厚度越厚，使用寿命也就相对越长，但同时要考虑家庭的实际需要。

⑤ 观察企口的拼装效果。可拿两块地板的样板拼装一下，拼装后企口要整齐、严密，否则会影响使用效果及功能。

⑥ 查看正规证书和检验报告。选择地板时一定要弄清商家有无相关证书和质量检验报告。如 ISO 9001 国际质量认证证书、ISO 14001 国际环保认证证书以及其他一些相关质量证书。

401 强化复合地板的清洁方法

强化复合地板上如有一些特殊脏迹，可立即用柔和的清洁剂或少量温水清洗，不可用大量水来清洗地板。因为强化复合地板遇水会膨胀，遭水浸泡会报废。

402 强化复合地板的保养方法

要避免锋利的物品，如剪子、小刀之类划伤地板表面；最好在门口处放置一块蹭蹬垫子，避免沙砾或者其他小石块对地板的损伤。另外，在搬动椅子、桌子等家具时不要在地板上拖拽；实木复合地板不需要打蜡和油漆，同时切忌用砂纸打磨抛光。

403 仿古地板的含义

仿古地板主要指的是地板的一种风格。实木地板、多层实木地板、强化地板这三大地板品类都可以做出仿古的感觉。仿古地板主要是在地板的表面以手工工艺做出一些处理，使地板看起来像是有多年历史的古代地板。

404 竹木地板的特点

竹木地板是采用适龄的竹木精制而成。竹木地板无毒，牢固稳定，不开胶，不变形。经过脱去糖分、蛋白质等特殊无害处理后的竹材，具有超强的防虫蛀功能。竹木地板的六面用优质进口耐磨漆密封，阻燃、耐磨、防霉变，其表面光洁柔和，品质稳定。

405 竹木地板的优点

竹木地板突出的优点便是冬暖夏凉。竹木地板特别适合铺装在老人、小孩的卧室；外观自然清新、纹理细腻流畅，又有防潮、防湿、防蚀以及韧性强、有弹性等特性。同时，其表面坚硬程度可以与木制地板中的常见树种如樱桃木、榉木等媲美。另一方面，由于竹木地板芯材采用了木材做原料，故其稳定性极佳，结实耐用，脚感好，隔声性能好。

406 竹木地板的缺点

竹木地板虽然经干燥处理，减少了尺寸的变化，但因竹材是自然型材，所以它还是会随气候干湿度变化而有变形。因此，在北方地区干燥季节，特别是开暖气时，室内需要通过不同方法调节湿度，如采用加湿器或暖气上放盆水等；南方地区梅雨季节，要开窗通风，保持室内干燥。否则，竹木地板可能出现变形。

407 竹木地板的选购技巧

① 看表面。观察竹木地板的表面漆上有无气泡，是否清新亮丽，竹节是否太黑，表面有无胶线，然后看四周有无裂缝，有无批灰痕迹，是否干净整洁等。

② 看漆面。要注意竹木地板是否是六面封漆，由于竹木地板是自然产品，表面带有毛细孔，会因吸潮而变形，所以必须将四周、底、表面全部封漆。

③ 看竹龄。竹子的年龄并非越老越好，最好的竹材年龄为 4~6 年，4 年以下太小没成材，竹质太嫩；年龄超过 9 年的竹子就老了，老竹皮太厚，使用起来较脆。

④ 测重量。可用手拿起一块竹木地板观察，若拿在手中感觉较轻，说明采用的是嫩竹，观其纹理若模糊不清，说明此竹材不新鲜是较陈的竹材。

408 竹木地板的清洁技巧

在日常使用过程中，应经常清洁竹木地板，保持地板的干净卫生。清洁时，可先用干净的扫帚把灰尘和杂物扫净，然后再用拧干的抹布人工擦拭，如面积太大时，可将布拖把洗干净，然后挂起来滴干水滴，再用来拖净地面。切忌用水洗，也不能用湿漉漉的抹布或拖把清理。平时如果有含水物质泼洒在地面时，应立即用干抹布擦干。

409 竹木地板的保养技巧

应隔几年打蜡一次，保持漆膜面平滑光洁。如果条件允许，也可隔 2~3 个月打一次地板蜡，这样保养效果更佳。另外，还需要常开窗换气，以便调节室内空气湿度。

410 实木门的特点

实木门是以取材自森林的天然原木做门芯，经过干燥处理，然后经下料、刨光、开榫、打眼、高速铣形等工序加工而成。

411 实木门的选购技巧

① 检查实木门的漆膜。触摸感受实木门漆膜的丰满度，漆膜丰满说明油漆的质量好，对木材的封闭好；可以从门斜侧方的反光角度，看表面的漆膜是否平整，有无橘皮现象，有无突起的细小颗粒。

② 看实木门表面的平整度。如果实木门表面平整度不够，说明选用的是比较廉价的板材，环保性能也很难达标。

③ 根据花纹判断实木门的真伪。如果是实木门，表面的花纹会非常不规则，如门表面花纹光滑整齐漂亮，往往不是真正的实木门。

④ 敲击听声音。选购实木门要看门的厚度，可以用手轻敲门面，若声

音均匀沉闷，则说明该门质量较好。一般，木门的实木比例越高，门就越沉。

412 实木门的颜色宜与室内色彩相协调

实木门的原料是天然树种，因此色彩和种类很多，在选择颜色时，应与居室整体风格相匹配。当室内主色调为浅色系时，可挑选如白橡、桦木、混油等冷色系木门；当室内主色调为深色系时，可选择如柚木、沙比利、胡桃木等暖色系的木门。此外，实木门的色彩选择还应注意与家具、地面的色调相近。除了颜色外，实木门的造型也应与居室装饰风格相一致。

413 实木门的保养技巧

① 加湿器防止冬季开裂。冬季空气内水分含量低，要防止实木门发生干裂、变形。可以在室内安装空气增湿器或者养几盆盆栽植物，调节空气湿度。

② 用中性护理液擦拭表面。在擦拭实木门表面污渍时，应尽量选用清水或中性化学护理液清洗，只需用软布沾少许液体擦拭即可，否则会浸蚀表面饰面材料，使表面饰面材料变色或剥离，影响美观。

414 实木复合门的特点

实木复合门的门芯多以松木、杉木或进口填充材料等黏合而成，外贴密度板或实木木皮，经高温热压后制成。一般实木复合门的门芯多以白松为主，表面则为实木单板。由于白松密度小、重量轻，且较容易控制含水率，因而成品门的重量都较轻，也不易变形、开裂。

415 实木复合门的选购技巧

在选购实木复合门时，要注意查看门扇内的填充物是否饱满；门边刨修的木条与内框连接是否牢固；装饰面板与框黏结应牢固，无翘边、裂缝，板面应平整、洁净、无节疤、无虫眼、无裂纹及腐斑，木纹应清晰，纹理应美观。

416 压模木门的特点

压模木门是以木贴面并刷清漆的木皮板面门，保持了木材天然纹理的装饰效果，同时也可进行面板拼花，既美观活泼又经济实用。一般的复合压模木门在交货时都带中性的白色底漆，业主可以回家后在白色中性底漆上根据个人喜好再上色，满足了个性化的需求。

压模木门因价格较实木门和实木复合门更经济实惠，且安全方便，因而受到中等收入家庭的青睐，但装修效果却不及实木门和实木复合门。

417 压模木门的选购技巧

在选购压模木门时，应注意其贴面板与框连接应牢固，无翘边、裂缝；门扇边刨修过的木条与内框连接应牢固；内框横、竖龙骨排列符合设计要求，安装合页处应有横向龙骨；板面平整、洁净，无节疤、虫眼、裂纹及腐斑，木纹要清晰，纹理要美观，且板面厚度不得低于3mm。

418 做一个门要比买一个门好很多

首先从材料上来说，买的门用的衬板多是密度板或刨花板，而做的门用的是大芯板或九厘板、五厘板等，所以从耐久性上说，做的门结实一些；其次，买的门未经过油漆处理，加上刷漆及做门套，价格就和做一个门差不多了。如果真的是纯正的实木门，如纯榉木门、纯水曲柳门，差不多要每平方米一千多元，那算下来就比做门要贵得多了。

419 选购玻璃推拉门的技巧

① 检查密封性。目前，市场上有些品牌的推拉门由于其底轮是外置式的，因此两扇门滑动时就要留出底轮的位置，这样会使门与门之间的缝隙非常大，密封性无法达到规定的标准。

② 要看底轮质量。只有具备超大承重能力的底轮才能保证良好的滑动效果和超长的使用寿命。承重能力较小的底轮一般只适合做一些尺寸较小且门板较薄的推拉门，进口优质品牌的底轮，具有 180kg 承重能力及内置的轴承，适合制作任何尺寸的滑动门，同时具备特别的底轮防震装置，可使底轮能够应付各种状况的地面。

420 推拉门轨道的清洁方法

底轨容易积存浮尘，它直接影响底轮的滑动，从而影响推拉门的使用寿命，因而平时要注意经常使用吸尘器清除底轨浮尘，边角处用抹布蘸水清洁，然后用不掉毛的纯棉布擦干。

421 推拉门滑轮的养护方法

滑轮是整个内门的灵魂，它身材虽小，却作用重大。每半年左右滴一两滴润滑油可保持其顺畅。推拉门的滑轮分上下轮，如是品牌滑轮，上下轮都用滚针轴承滑动，无需加润滑油，只要注意清洁杂物。一般的轴承或橡胶轮就要每隔半年在其滑动部位滴加润滑油。

422 推拉门的养护方法

不要过于用力摇摆推拉门，避免其负荷力过大；避免重力撞击门体，严禁锐器或重力破坏推拉门和轨道，造成障碍；如遇门体或框体遭到破坏，请与厂家联系或请专业的维修工人进行修复。

423 极简风的推拉门带给空间更多的时尚感

在选择推拉门时，人们往往会选择玻璃上花纹多的、造型复杂的推拉门，认为这类的推拉门对空间的装饰较好。但事实并不是这样，在选择极简的、没有过多造型的推拉门装饰空间时，所获得的是一种简约的时尚感。推拉门在不影响空间主题的情况下，能起到良好的衬托作用。

424 不同家居空间选择不同的门

家居空间	选择方式
卧室	卧室门强调私密性，所以大多数均采用板式门
书房	书房门可用透光玻璃门或全玻璃门，也可用磨砂、布纹、彩条、电镀等艺术玻璃门，规格与卧室门相同。其中，磨砂玻璃与铁艺结合的书房门，以优美的曲线给书房增添不少光彩
厨房	厨房门款式比较多，根据采光的要求，通透的玻璃门是厨房门的最佳选择。厨房选用大面积玻璃，既能起到隔离油烟的作用，又可以展示主人精心选购的橱柜。若为充分节省空间，厨房门也可以考虑用折叠门
浴室	浴室门只能透光不能透视，宜装双面磨砂或深色雾光玻璃。如果使用板式门，也可在门中央选用一小块长条毛玻璃装饰。在卫浴间使用状况下，既保证了私密，又让外面的人可见到其内透出光线，避免打扰

425 连体坐便器的特点

造型现代一些，相对分体坐便器水箱位低，用的水稍微多一些，价格比分体坐便器普遍高。连体坐便器一般为虹吸式下水，冲水静音。由于水位低，所以一般连体坐便器的坑距短，为的是增加冲洗力。其不受坑距的限制，只要小于房屋坑距就行。

426 分体坐便器的特点

分体式坐便器是指水箱与座体分开设计、分开安装的马桶，较为传统，生产时是后期用螺钉和密封圈连接底座和水箱，所占空间较大，连接缝处容易藏污垢，但维修简单。

一般来说，分体坐便器的款式相对较少。如果家里有老人和很小的孩子，建议不要使用分体的，因为容易影响到他们的生活，特别是家人半夜上厕所，更会影响到他们的睡眠，所以最好还是选择连体的。

427 直冲式坐便器的特点

直冲式坐便器利用水流的冲力排出脏污，池壁较陡，存水面积较小，冲污效率高。其最大的缺陷就是冲水声大，由于存水面较小，易出现结垢现象，防臭功能也不如虹吸式坐便器，款式比较少。

428 虹吸式坐便器的特点

其最大优点为冲水噪声小（静音坐便器就是虹吸式的），容易冲掉黏附在坐便器表面的污物，防臭效果优于直冲式，品种繁多。但每次需使用至少 8~9L 水，比直冲式费水；排水管直径小，易堵塞。

429 选购坐便器时应注意水箱配件

坐便器的水箱配件很容易被人忽略。其实，水箱配件好比是坐便器的心脏，更容易产生质量问题。购买时，要注意选择配件质量好，注水噪声小，坚固耐用，经得起水的长期浸泡而不受腐蚀、不起水垢的产品。

430 排水方式影响坐便器价格

分体式坐便器有三种排水方式：直排水、虹吸排水和混合排水。其中，直排水在中低档坐便器中广泛采用，高档分体式坐便器大多采用虹吸排水或混合排水，连体式坐便器都设计成虹吸排水。虹吸排水不仅噪声小，对坐便器的冲排也较干净，还能消除臭气，但由于设计复杂，制作成本高于直排水。

431 烧釉工艺影响坐便器价格

陶瓷表面的质量好坏，可从颜色、光亮度和防渗透率的高低反映出来。好的陶瓷表面，防渗透率高，不容易被侵蚀；不好的陶瓷表面，防渗透率低，容易被其他物质渗入，会留下水渍和水垢，怎么擦洗都无济于事。有些坐便器底部留下的黄色斑迹便是瓷表面不好造成的。

432 坯泥影响坐便器价格

坯泥的用料和厚度相对于坐厕的要薄一些，这也是分体式比连体式便宜的一个因素。其他对价格产生重要影响的因素还有排水配件、防漏水设计、坐便器盖用材、尺寸大小、颜色、其他功能设计、非陶瓷材料等。

433 坐便器的保养技巧

① 禁用钢刷清洁马桶。为保持马桶表面清洁，应用尼龙刷和专用清洁剂来清洗马桶，严禁用钢刷和强有机溶液，以免破坏产品釉面。

② 垫圈要经常消毒。要重点清洁马桶圈，每隔一两天应用稀释的家用消毒液擦拭。最好不用垫圈，如果一定要使用，应经常清洗消毒。

③ 洁厕剂不同于洁厕宝。市面上有很多种洁厕宝，将其放入水箱中，通过每次冲水就可达到清洁和除菌的功效。需要注意的是，不能将洁厕剂倒入水箱中作为洁厕宝使用，这样做会损坏水箱中的零件。

434 坐便器不是越节水越好

在坐便器的横向冲刷距离上，新国标规定的是 10.5m，只有达到这一冲刷距离，才能保证将污物冲出房屋。而所谓一些 2L、3L 的节水坐便器只是将污物冲出了坐便器，并没真正冲出存水弯，有可能造成污物回流。所以，不能单从用水量来决定其是否节水，应该考虑整体因素，比如产品与房屋建筑的关系、防臭防堵等方面。

435 洗面盆的特点和功用

传统的洗面盆只注重实用性，而现在流行的洗面盆更加注重外形、单独摆放，其种类、款式和造型都非常丰富。一般分为台式面盆、立柱式面盆和挂式面盆三种，而台式面盆又有台上盆、上嵌盆、下嵌盆及半嵌盆之分；立柱式面盆又可分为立柱盆及半柱盆两种。从形式上分圆形、椭圆形、长方形、多边形等。从风格上分优雅型、简洁型、古典型和现代型等。

436 立柱式面盆的特点

立柱式面盆比较适合于面积偏小或使用率不是很高的卫浴间（比如客卫）。一般来说，立柱式面盆大多设计简洁，由于可以将排水组件隐藏到主盆的立柱中，因而给人以干净、整洁的外观感受。而且，在洗手的时候，人体可以自然地站立在盆前，使用起来更加方便、舒适。

437 台式面盆的特点

台式面盆比较适合安装于面积比较大的卫浴间中，可制作天然石材或人造石材的台面与之配合使用，还可以在台面下安装浴室柜，盛装卫浴用品，美观实用。

438 台上盆的特点

台上盆的安装比较简单，只需按安装图纸在台面预定位置开孔，后将盆放置于孔中，用玻璃胶将缝隙填实即可，使用时台面的水不会顺缝隙向下流。因为台上盆的造型、风格多样，且装饰效果比较理想，所以在家庭中使用得比较多。

439 台下盆的特点

台下盆对安装工艺的要求较高。首先，需按台下盆的尺寸定做台下盆安装托架；然后，将台下盆安装在预定位置，固定好支架，再将已开好孔的台面盖在台下盆上固定在墙上，一般选用角铁托住台面，然后与墙体固定。台下盆的整体外观整洁，比较容易打理，所以在公共场所使用较多。但是盆与台面的接合处比较容易藏污纳垢，不易清洁。

440 洗面盆的选购要点

① 根据空间选择大小。应该根据自家卫浴间面积的实际情况来选择洗面盆的规格和款式。如果面积较小，一般选择柱盆或角型面盆，可以增强卫浴间的通气感；如果卫浴间面积较大，选择台盆的自由度就比较大了，沿台式面盆和无沿台式面盆都比较适用，台面可采用大理石或花岗岩材料。

② 看陶瓷面盆的釉面和吸水率。釉面的质量关系到耐污性。优质的釉面“蜂窝”极细小，光滑致密不易脏，一般不需要经常使用强力去污产品，清水加抹布擦拭即可。挑选时可在强光线下，从侧面观察产品表面的反光；也可以用手在表面轻轻抚摸感觉平整度，用手敲击声音应比较清脆。

441 选购玻璃洗面盆的方法

选用玻璃洗面盆时，应该注意产品的安装要求。有的台盆安装时需要贴墙固定，在墙体内使用膨胀螺栓进行盆体固定，如果墙体内管线较多，就不适宜使用此类面盆。除此之外，还应该检查面盆的下水返水弯、面盆龙头上水管及角阀等主要配件是否齐全。

442 选购陶瓷洗面盆的方法

一款好的陶瓷洗面盆是由它的制作工艺决定的，经过高温烧制的陶瓷洗面盆的抗污能力比低温烧制的好得多。另外，陶瓷洗面盆釉面的好坏直接关系到日后的使用效果，釉面好的洗面盆不易沾染污渍、清洗方便、常用如新。具体选购的方法是，逆光观察陶瓷的釉面是否光亮、平滑、无气泡、无针孔、无色斑、反光能力强等；还可用手触摸，如果手感平整、细腻，敲击声音清脆，则说明是较好的陶瓷洗面盆。

443 洗面盆的保养技巧

① 陶瓷面盆。陶瓷面盆长时间使用，容易积存污垢，可以利用切片的柠檬，擦洗面盆表面，一分钟后再用清水冲净，即可变得光亮。假如污渍比较顽固，可以用安全漂白水，倒进面盆里浸蚀20分钟，后用毛巾或海绵清洗，再用清水擦洗。

② 玻璃面盆。清洁玻璃面盆不能使用开水、百洁布、钢刷、强碱性洗涤剂、坚硬的利器等。推荐使用纯棉抹布、中性洗涤剂、玻璃清洁水等进行清洁，这样才能保持其持久亮丽如新。

444 浴缸的种类

分类方式	概　　述
按款式分	无裙边缸和有裙边缸，款式有心形、圆形、椭圆形、长方形、三角形等
按材料分	可分为亚克力、钢板、铸铁、陶瓷、仿大理石、玻璃、钢板、木质等。各种材料中，亚克力、钢板、铸铁是主流产品。其中，铸铁的档次最高，亚克力和钢板次之
按功能分	浴缸除传统的以外，还有按摩浴缸。按摩浴缸有旋涡式、气泡式和结合式三种。旋涡式浴缸能令浴缸的水转动；气泡式浴缸可以把空气泵入水中；结合式浴缸是以上两种功能的结合

445 钢板浴缸的特点

钢板浴缸是用一定厚度的钢板制成，表面镀搪瓷，不易脏，清洁方便，不易褪色，光泽持久，而且易成型，造价便宜。但因钢板较薄、坚固度不够，而且具有噪声大、表面易脱瓷和保温性能不好等缺点，所以有的钢板浴缸加了保温层。

446 铸铁浴缸的特点

铸铁浴缸使用寿命长、档次高、易清洗，由于缸壁厚，保温性能也很好。而且铸铁浴缸光泽度好，使用年限是浴缸中最长的。铸铁浴缸耐酸碱性、耐磨性均优于其他类产品。但因其重量较大，所以搬运、安装都有难度。

447 亚克力浴缸的特点

其优点在于容易成型、保温性能好、光泽度佳、重量轻、易安装和色彩变化丰富，同时，亚克力浴缸造价较便宜。但相对陶瓷、搪瓷而言，这种材料的缺点是易挂脏、注水时噪声较大、耐高温能力差、不耐磨和表面易老化变色。即使是进口的亚克力缸，也只是质量相对好一些，同样存在这些问题。

448 木质浴桶的特点

木质浴桶的优点是保温、环保、占地面积小、易清洗、寿命长、安装方便等。缺点是长期干燥的情况下，容易开裂，所以如果长期不用，要在桶内放些水。

449 按摩浴缸的特点

按摩浴缸可以利用循环水进行水力按摩，但需要使用电力作为能源。按摩浴缸除价格较高之外，还不仅要求卫浴的面积要大，而且对于水压、电力和安装的要求都很高。脉冲按摩浴缸带有模拟人体频谱的信号发生器，它发出的信号与人体的频谱十分相似，能产生共振现象，起到通经活络的作用。

450 浴缸和淋浴的区别

① 方便程度不一样。用浴缸，洗澡前后都得刷干净，不管是简单的冲洗，还是洗得彻底点，都得放水、排水、刷缸，做不少准备工作，比较麻烦；而淋浴拧开龙头就洗，很方便。

② 用水量不同。浴缸的耗水量比较大，安装使用还要考虑家中供热水的设备是否能提供足够的热水；而淋浴用水较少，不存在这样的问题。从空间的角度考虑：浴缸占用的空间较大且位置固定，面积小的空间不宜使用；淋浴则不同，占地小，位置也很灵活。

③ 造价不同。浴缸的造价相对而言要比淋浴高，且安装较复杂，维修很困难。所以对于普通的家庭，选淋浴更合适；条件好的（或有两个卫浴间的）可两者都选。

PART

4

装修后期的收尾工程需要选购的材料

壁纸、装饰玻璃 、开关插座、五金件、灯具在装修后期才会用到。另外，在整个装修过程中，设计方案可能有变，或者设计师有新的灵感，因此这些材料在装修后期购买最适宜。

451 壁纸需要装修后期购买

当墙面施工进展到壁纸粘贴环节，已经处在家装的最后阶段，是乳胶漆滚涂之后的工序；而且，壁纸不像套装门一样需要订制，就是说，当施工中需要粘贴壁纸时，只要提前三到四天购买就来得及。因此，对于壁纸，业主不需要像准备套装门一样提前定制。在施工的进程中，设计方案发生变更，则提前购买的壁纸可能便浪费掉了。同时，在后期购买壁纸，业主可以有大量地时间，仔细地挑选自己所喜爱的壁纸。

452 装饰玻璃需要装修后期购买

装饰玻璃有一个显著的特点不容忽视，就是易碎，在混乱的施工现场，保护不当就会发生玻璃破碎的情况。其二，在前期制订好设计方案的情况下，整体的施工可根据具体要求而预留出装饰玻璃的安装位置，以便后期安装。因此，装饰玻璃的进场时间是不影响施工的正常进程的。但需要注意的是，装饰玻璃的定制，需要制作周期，和厂家商定制作装饰玻璃的完成时间，以免耽误业主的计划。

453 开关插座需要装修后期购买

开关插座的安装需要在墙面乳胶漆滚涂或壁纸粘贴之后进行，加上施工程序的要求，决定了开关插座最好在后期进行购买。开关插座不同于家装中的一些材料，需要定制、长途运输的大型材料。这类材料从购买到进场需要一个制作或运输周期，所以需要提前购买。开关插座不同，其体量小、形式固定决定了其不需要上述材料的复杂程序，业主在一天之内完全可以选购好所有的开关插座，并及时地运送到施工现场。

454 五金件需要装修后期购买

五金件需要在室内的施工基本结束时，才进行安装。像卫浴间的五金件是固定在瓷砖表面的，且安装的位置，以不影响卫浴洁具的摆放为标准，所以卫浴五金件的安装属于最后的工序；套装门五金件连同套装门一起安装，而套装门的安装已经处于施工的后期阶段。五金件在市场的分布是广泛的，且不涉及定做等工序。在业主需要时，走进商场便可购买回来。以上种种决定了五金件在后期购买，是最恰当的。

455 灯具需要装修后期购买

因为灯具的较脆弱、怕磕碰等特点，决定了其安装需要在室内的墙漆滚涂、壁纸粘贴及地板铺装好之后进行，因此也就决定了灯具在后期购买的合理性。然而，业主在后期购买灯具时需要注意：像筒灯、射灯及台灯等不需要定制的灯具，不会影响灯具进场的时间，而具备精美装饰的吊灯有时需要定制，也就需要业主计划好定制周期，以便提前购买。

456 无纺布壁纸的特点

无纺布比较柔软，具有纸张所不具备的织物般的感觉，又有普通的布所不具备的挺度，也就是说无纺布摸起来的感觉是介于纸张和布之间，业主可以从触感上进行区分。无纺布最大的优点是它具有很高的干湿强度，在二次装修的时候可以整体剥离，这是纸张所不具备的。

457 无纺布壁纸的选购技巧

① 观察图案的清晰度。通过看图案和布纹密度鉴别无纺布壁纸的好坏，颜色越均匀，图案越清晰的越好；布纹密度越高，说明质量越好，记得

正反两边都要看。

② 不是气味香，壁纸就越环保。环保的无纺布壁纸气味较小，甚至没有任何气味；劣质的无纺布壁纸会有刺鼻的气味。另外，具有很香的味道的无纺布壁纸也坚决不要购买。

③ 看污渍的易处理程度。试着用略湿的抹布擦一下无纺布壁纸，能够轻易去除脏污痕迹，则证明质量较好。

458 无纺布壁纸的除污流程

无纺布壁纸表面有脏污时，可以用吸尘器全面地吸尘，之后用喷雾器在墙纸的表面喷上一层清洁剂，等待污渍脱离，再用蒸汽清洗器进行清洗（最少两次），最后用拧干的抹布擦干壁纸表面即可。

459 纯纸壁纸的特点

纯纸壁纸是发展最早的壁纸。纸面上印有各种花纹图案，基底透气性好，能使墙体基层中的水分向外散发，不致引起变色、鼓包等现象。这种壁纸比较便宜，但性能差、不耐水、不耐擦洗，容易破裂，也不便于施工，已逐渐被淘汰，属于低档壁纸。

460 纯纸壁纸的选购技巧

① 检测表面的光滑度。手摸纯纸壁纸需感觉光滑，如果有粗糙的颗粒状物体则并非真正的纯纸壁纸。

② 看样品燃烧后的白烟及气味。纯纸壁纸有清新的木浆味，如果存在异味或无气味则并非纯纸；纯纸燃烧会产生白烟、无刺鼻气味、残留物均为白色；纸质有透水性，在壁纸上滴几滴水，看水是否透过纸面；真正的纯纸壁纸结实，不会因泡水而掉色，取一小部分泡水，用手刮壁纸表面看是否掉色。

③ 注意购买同一批次的产品。即使色彩图案相同，如果不是同一批生产的产品，颜色可能也会出现一些偏差，在购买时往往难察觉，直到贴上墙才可发现。

461 巧用消毒液擦拭壁纸霉斑

对付壁纸霉斑可先用干布擦一下墙面，再将半瓶盖 84 消毒液加到 4 纸杯水中，或者使用经过稀释的专业的壁纸清洁剂，调配均匀后，用来擦拭有霉斑的壁纸。

462 壁纸受潮与气泡的处理技巧

如果是受潮引起壁纸起翘，则可以用专业的壁纸胶进行粘贴，并用平整的物体压一压即可，比如书本、乒乓球拍。如果是起泡的现象，可用缝衣针在壁纸表面的起泡位置扎一个小洞，释放出气体，取适量的胶黏剂放入针眼中粘紧，最后用平整的书本压平晾干。

463 利用纯纸壁纸展现家居风格

家居风格	内　容
现代风格	通常在色彩上抛弃繁复变化的颜色及做工复杂的花纹，而选择简单的纹理搭配低纯度的色彩，通过对比变化展示现代风格的精髓
简约风格	以纯色的、无纹理的纯纸壁纸为主，通过壁纸的色彩变化提升空间的张力，展现简约而不简单的特点
中式风格	纹理上以中式花鸟山水主题为主，色彩上强调自然的、清新的气息
田园风格	碎花纹的规律排布是田园风纯纸壁纸的显著特点，搭配沙发、床品、织物等，展现高度统一的居室风格

464 PVC 壁纸的类别

	制作工艺	特 点	适用范围
PVC涂层壁纸	以纯纸、无纺布、纺布等为基材，在基材表面喷涂PVC糊状树脂，再经印花、压花等工序加工而成	具有很强的三维立体感，并可制作出各种逼真的纹理效果，如仿木纹、仿锦缎、仿瓷砖等，有较强的质感和较好的透气性，能够较好地抵御油脂和湿气的侵蚀	可用在厨房和卫生间，适合于几乎所有家居场所
PVC胶面壁纸	此类壁纸是在纯纸底层（或无纺布、纺布底层）上覆盖一层聚氯乙烯膜，经复合、压花、印花等工序制成	该类壁纸印花精致、压纹质感佳、防水防潮性好、经久耐用、容易维护保养	是目前最常用、用途最广的壁纸，可广泛应用于所有的家居空间

465 PVC 壁纸的选购妙招

① 浸泡水中，闻挥发的气味是否刺鼻。PVC 壁纸的环保性检查，可以简单地用鼻子闻一下壁纸有无异味，如果刺激性气味较重，证明含甲醛、氯乙烯等挥发性物质较多。此外，还可以将小块壁纸浸泡在水中，一段时间后，闻一下是否有刺激性气味挥发。

② 检查壁纸的性能。检查脱色情况，可用湿纸巾在 PVC 壁纸表面擦拭，看是否掉色。检查耐脏性，可用笔在表面划一下，再擦干净，看是否留有痕迹。检查防水性，可在壁纸表面滴几滴水，看是否有渗入现象。

③ 检查壁纸对花的准确性。看 PVC 壁纸表面有无色差、死褶与气泡。最重要的是必须看壁纸的对花是否准确，有无重印或者漏印的情况。一般好的 PVC 壁纸看上去自然、有立体感。

466 PVC 壁纸的清洁技巧

在清洁 PVC 壁纸时，应用湿布或者干布擦拭有脏物的地方，在擦拭时应从一些偏僻的墙角或门后隐蔽处开始，避免出现不良反应造成壁纸损坏。

467 塑料壁纸的特点

塑料壁纸是以优质木浆纸为基层，以聚氯乙烯塑料为面层，经印刷、压花、发泡等工序加工而成。塑料壁纸品种繁多，色泽丰富，图案变化多端，有仿木纹、石纹、锦缎的，也有仿瓷砖、黏土砖的，在视觉上可达到以假乱真的效果，是目前使用最多的一种壁纸。

468 天然材料壁纸的特点

天然材料壁纸是一种用草、麻、木材、树叶等天然植物制成的壁纸。如，麻草壁纸是以纸作为底层，编织的麻草为面层，经复合加工而成，也有用珍贵树种的木材切成薄片制成的。天然壁纸具有阻燃、吸声、散潮的特点，装饰风格自然、古朴、粗犷，给人以置身自然原野的感受。

469 玻纤壁纸的特点

玻纤壁纸也称玻璃纤维壁布。它是以玻璃纤维布作为基材，表面涂树脂、印花而成的新型墙面装饰材料。它的基材是用中碱玻璃纤维织成，表面涂以耐磨树脂，再印上彩色图案。玻纤壁纸花样繁多，色彩鲜艳，在室内使用不褪色、不老化，防火、防潮性能良好，可以刷洗，施工也比较简便。

470 金属膜壁纸的特点

它是在纸基上涂布一层电化铝箔而制得，具有不锈钢、黄金、白银、黄铜等金属的质感与光泽。金属膜壁纸无毒、无气味、无静电，耐湿、耐晒，可擦洗，不褪色，是一种高档裱糊材料。用该壁纸装修的建筑室内能给人以金碧交辉、富丽堂皇的感受。

471 液体壁纸的特点

液体壁纸也称壁纸漆，原名云彩涂料，属于建筑装饰涂料范畴，是以高分子聚合物云母珠光钛颜料加上各种助剂精制而成的一种高档装饰涂料，是艺术涂料类的一个品种，是集壁纸和乳胶漆优点于一身的环保水性涂料。

472 壁纸对人体无害

认为壁纸有毒，对人体有害，这是种错误的观念。从壁纸生产技术、工艺上来讲，PVC 树脂不含铅和苯等有害成分，与其他化工建材相比，可以说壁纸是没有毒性的；从应用角度讲，发达国家使用壁纸的量和面，远远超过我们国家。技术和应用都说明壁纸是没有毒性的，对人体是无害的。

473 壁纸可以经常性更换

壁纸的最大特点就是可以随时更换，经常不断改变居住空间的气氛，常有新鲜感。如果每年能更换一次，改变一下居室气氛，无疑是一种很好的精神调节和享受。国外发达国家的家庭有的一年一换，有的一年换两次，有的甚至连圣诞节、过生日都要换一下家中的壁纸。

474 壁纸不容易脱落

容易脱落不是壁纸本身的问题，而是粘贴工艺和胶水的质量问题。使用壁纸不但没有害处，而且有四大好处：更换容易，粘贴简便，选择性强以及造价便宜。

475 液体壁纸和墙贴的区别

液体壁纸一般是大面积的使用，整体效果比较好，也比较容易打理，但是价格较贵。而墙贴则适用于局部的装点，而且更换起来也比较方便，价格也便宜。对于希望家中常常可以有新面貌的人来说，墙贴更合适。

476 儿童房选用壁纸的方法

环保最重要。在壁纸的材质方面，儿童房装修中最重要的一点应当是防污染，环保性强。孩子对外界污染的抵抗能力较成年人弱，因此，儿童房所选用材料的材质应尽量天然，加工程序越少越好，以保证居住其间的孩子的身心健康。

477 儿童房最好选择纸基壁纸

纸基壁纸由纸张制作而成，透气性好，夹缝不易爆裂，具有良好的环保性。纸基壁纸相对于其他壁纸，更适合在儿童房中使用。孩子喜欢新鲜事物，长久地使用同一种花色的壁纸，有时会让孩子厌烦；且孩子好动，壁纸贴上不久就会被破坏，需要更换。纸基壁纸的价格较便宜，可随时更换。

478 墙纸基膜的含义

墙纸基膜实际上就是防潮基膜，是一种专业抗碱、防潮、防霉的墙面处理材料，能有效地防止施工基面的潮气及碱性物质外渗，避免引发墙纸的返潮、发霉、发黑等。墙纸基膜一般与墙纸配套使用，作为基面的保护处理材料，能有效地防止施工基面的潮气及碱性物质外渗，在施工基面喷或刷一至二道，再铺设墙纸。

TIPS

质量好的墙纸基膜是由水性高科技材料制成的，对人体无害，也没有不良气体挥发，比传统的油性醇酸清漆更环保，而且寿命长了 3~5 倍。其中，高档墙纸基膜更是采用了弹性分子材料，还能在墙体出现微裂缝的情况下，有效保护墙面。

479 烤漆玻璃的特点

烤漆玻璃，是一种极富表现力的装饰玻璃品种，可以通过喷涂、滚涂、丝网印刷或者淋涂等方式来实现。烤漆玻璃在业内也叫背漆玻璃，分平面烤漆玻璃和磨砂烤漆玻璃。是在玻璃的背面喷漆，在 30~45℃的烤箱中烤 8~12 小时，很多制作烤漆玻璃的厂家一般采用自然晾干，不过自然晾干的漆面附着力比较小，在潮湿的环境下容易脱落。

480 烤漆玻璃的选购技巧

① 烤漆玻璃的表面应十分光滑。好的烤漆玻璃正面看色彩鲜艳纯正均匀，亮度佳、无明显色斑；摸摸好的烤漆玻璃，它的背面漆膜十分光滑，没有或者很少有颗粒突起，没有漆面“流泪”的痕迹。

② 白色烤漆玻璃并非完全透明。透明或白色的烤漆玻璃并非完全是纯色或透明的，而是带有些许绿光，所以要注意玻璃和背后漆底所合起来的颜色，才能避免色差的产生。

③ 根据使用位置选择玻璃厚度。根据不同用途，烤漆玻璃的厚度有所区别，用于厨卫壁面的首选厚度是 5mm，若做轻间隔或餐桌面，则建议选购 8~10mm 厚的烤漆玻璃。

481 烤漆玻璃的保养技巧

烤漆玻璃在使用过程中，应避免用过湿的抹布擦拭其表面，因为在过于潮湿的环境下油漆漆膜的完整性可能会遭到损坏，漆膜会发生龟裂。

482 夹丝玻璃的特点

夹丝玻璃又称防碎玻璃、钢丝玻璃。它是将普通平板玻璃加热到红热软化状态时，再将预热处理过的铁丝或铁丝网压入玻璃中间而制成。夹丝玻璃装饰性很强，普遍应用于家庭装修装饰，如背景、隔断、玄关、屏风、门窗等。

483 夹丝玻璃的优点

夹丝玻璃的特点是安全性和防火性好。夹丝玻璃由于钢丝网的骨架作用，不仅提高了玻璃的强度，而且当受到冲击或温度骤变而被破坏时，碎片也不会飞散，避免了碎片对人的伤害。在出现火情、火焰蔓延时，夹丝玻璃受热炸裂，但由于金属丝网的作用，玻璃仍能保持固定，隔绝火焰，故又称防火玻璃。

484 夹丝玻璃的缺点

① 在温度剧变时，容易开裂、破损，故不宜用于外门窗、暖气片附近。

② 金属丝沾水易生锈，锈蚀向内部延伸会将玻璃胀裂。

③ 切割不便，所以夹丝玻璃比较适用于室内的门窗。

485 玻璃砖的特点

玻璃砖又称特厚玻璃，是由高级玻璃砂、纯碱、石英粉等硅酸盐无机矿物原料高温熔化，并经精加工而成。玻璃砖有空心砖和实心砖两种。空心砖又分为单孔和双孔两种，内侧面有各种不同的花纹，如圆环形、彩云形、隐约形、树皮形、切纹形等，赋予它特殊的柔光性。空心玻璃砖以烧熔的方式将两片玻璃胶合在一起，再用白色胶加水泥将边隙密合，可依玻璃砖的尺寸、大小、花样、颜色来做不同的样式。

486 玻璃砖的选购技巧

空心玻璃砖的外观不能有裂纹，玻璃坯体中不能有不透明的未熔物，不允许两个玻璃体之间的熔接及胶接不良。目测砖体，不应有波纹、气泡及玻璃坯体中的不均匀物质所产生的层状条纹。重量应符合标准，无表面翘曲及缺口、毛刺等质量缺陷，角度要方正。

487 热熔玻璃的特点

热熔玻璃是采用特制的热熔炉，以平板玻璃为基料，无机色料等作为主要原料，设定特定的加热程序和退火曲线，在加热到玻璃软化点以上时，料液经特制成型模的模压成型后加以退火而成，必要的时候，可对其再进行雕刻、钻孔、修裁、切割等几道工序后再次精加工。

488 热熔玻璃的优点

热熔玻璃具有图案丰富、立体感强的优点，解决了普通平板玻璃单调呆板的感觉，使玻璃面有线条和生动的造型，满足了人们对建筑、装饰等风格多样和美的追求。热熔玻璃同时具有吸声效果，光彩夺目，格调高雅，其珍贵的艺术价值是其他玻璃产品无可比拟的。

489 热熔玻璃的运用技巧

热熔玻璃产品种类较多，目前已经有热熔玻璃砖、门窗用热熔玻璃、大型墙体嵌入玻璃、隔断玻璃、一体式玻璃洗脸盆、成品镜边框、玻璃艺术品等。因其独特的玻璃材质和艺术效果而被广泛应用，常应用于隔断、屏风、门、柱、台面、文化墙、玄关背景、顶面等的装饰。

490 磨（喷）砂玻璃的特点

磨（喷）砂玻璃又称为毛玻璃，是经研磨、喷砂加工，使表面均匀粗糙的平板玻璃。用硅砂、金刚砂或刚玉砂等做研磨材料，加水研磨制成的称为磨砂玻璃。喷砂玻璃是用压缩空气将细砂喷射到玻璃表面而成的，具有透光不透明的特点，它能使室内光线柔和而不刺眼。

491 磨（喷）砂玻璃的运用技巧

磨（喷）砂玻璃可用于表现界定区域却互不封闭的地方，如制作屏风。一般常用于卫浴、门窗隔断等处，也可用于黑板、灯罩、家具、工艺品等。

492 彩绘镶嵌玻璃的特点

彩绘玻璃是一种高档玻璃品种。它是用特殊颜料直接着墨于玻璃上，或者在玻璃上喷雕、镶嵌各种图案再加上色彩制成的。彩绘玻璃能逼真地对原画进行复制，而且画膜附着力强，耐候性好，可进行擦洗。其图案丰富亮丽，可将绘画、色彩、灯光融于一体。居室中彩绘玻璃的恰当运用，能较自如地创造出一种赏心悦目的和谐氛围，增添浪漫迷人的现代情调。

493 雕花玻璃的特点

雕花玻璃是在普通平板玻璃上，用机械或化学方法雕出图案或花纹的玻璃。雕花玻璃透光不透明、有立体感、层次分明、效果高雅。

494 雕花玻璃的种类

雕花玻璃分为人工雕刻和电脑雕刻两种。其中，人工雕刻利用刀法的深浅和转折配合，更能表现出玻璃的质感，使所绘图案有呼之欲出的效果。雕花玻璃又分为彩雕、白雕、肌理雕刻等种类。传统的雕花玻璃是由雕刻师一刀一刀雕刻出来的，手工细腻，所以价格比较昂贵。目前，市面上的雕花玻璃大多采用的是喷砂工艺，由喷砂的薄厚不同造成凹凸的效果，也使得其价格大大降低了。

495 冰花玻璃的特点

冰花玻璃是一种利用平板玻璃经特殊处理形成具有自然冰花纹理的玻璃。冰花玻璃对通过的光线有漫射作用，如用作门窗玻璃，犹如蒙上一层纱帘，从外面看不清室内的景物，却有着良好的透光性能，具有很好的装饰效果。

冰花玻璃可用无色平板玻璃制造，也可用茶色、蓝色、绿色等彩色玻璃制造。其装饰效果优于压花玻璃，给人一种清新之感，是一种新型的室内装饰玻璃，可用于门窗、隔断、屏风和家庭装饰等。目前，最大规格尺寸为 2400mm × 1800mm。

496 镜面玻璃的特点

镜面玻璃即镜子，指在玻璃表面通过化学（银镜反应）或物理（真空铝）等方法形成反射率极强的镜面反射玻璃制品。镜面玻璃也叫涂层玻璃或镀膜玻璃，它是以金、银、铜、铁、锡、钛、铬或锰等有机或无机化合物为原料，采用喷射、溅射、真空沉积、气相沉积等方法，在玻璃表面形成氧化物涂层。

497 镜面玻璃的优点

这种带涂层的玻璃，具有视线的单向穿透性，即视线只能从有镀层的一侧观向无镀层的一侧。同时，它还能扩大室内的空间和视野，或反映建筑物周围四季景物的变化，使人有赏心悦目的感觉。为提高装饰效果，在镀镜之前可对原片玻璃进行彩绘、磨刻、喷砂、化学蚀刻等加工，形成具有各种花纹图案或精美字画的镜面玻璃。

常用的镜面玻璃有明镜、墨镜（也称黑镜）、彩绘镜和雕刻镜等多种。在装饰工程中，常利用镜子的反射和折射来增加空间感和距离感，或改变光照效果。

498 压花玻璃的特点

压花玻璃又称花纹玻璃或滚花玻璃，是采用压延方法制造的一种平板玻璃，品种有一般压花玻璃、真空镀膜压花玻璃、彩色压花玻璃等。

499 压花玻璃的优点

压花玻璃的物理性能基本与普通透明平板玻璃相同，在光学上具有透光不透明的特点，可使光线柔和，其表面有各种图案花纹且表面凹凸不平，当光线通过时会产生漫反射，因此，从玻璃的一面看另一面时，物象会模糊不清。压花玻璃由于其表面有各种花纹，具有一定的艺术效果，多用于浴室及门窗和隔断等处，使用时应将花纹一面朝向室内。

500 开关插座的选购技巧

① 外观。开关的款式、颜色应该与室内的整体风格相吻合。

② 手感。品质好的开关大多使用防弹胶等高级材料制成，防火性能、防潮性能、防撞击性能等都较好，表面光滑。好的开关插座的面板无气泡、无划痕、无污迹。开关拨动的手感轻巧而不紧涩，插座的插孔需装有保护门，插头插拔应需要一定的力度且单脚无法插入。

③ 重量。铜片是开关插座最重要的部分，应具有相当的重量。在购买时，可掂量一下单个开关插座，如果是合金的或者薄的铜片，手感较轻，那么品质就很难保证。

④ 品牌。开关的质量不仅关系到电器的正常使用，甚至还影响着生活、工作的安全。低档的开关插座使用时间短，需经常更换。而知名品牌会向业主进行有效承诺，如“质保 12 年”“可连续开关 10000 次”等，所以建议业主购买知名品牌的开关插座。

⑤ 注意开关、插座底座上的标识。如国家强制性产品认证（CCC）、额定电流电压值；产品生产型号、日期等。

501 家有儿童应购买安全插座

现在市场出售的安全插座的孔内有挡片，可防止手指或者其他物品插入，用插头可以推开挡片插入。这样有效避免了使用中（特别是儿童）的触电危险。

502 开关插座表面保护更耐用

想要开关插座更加耐用，可以在周围加上一些装饰来保护，开关插座在一些特殊的空间更加需要这种保护，如卫浴、厨房。开关插座上加上面盖，防止水汽和油污影响开关插座表面，也是保障用电安全的一项重要措施。

503 开关插座的型号和规格

型号	规格
86 型开关插座	86 型开关插座正面一般为 86mm × 86mm 正方形（个别产品因外观设计，大小稍有变化）。在 86 型开关基础上，又派生了 146 型（146mm × 86mm）和多位联体安装的开关插座
120 型开关插座	120 型开关插座源于日本，目前在中国台湾地区和浙江省最为常见。其正面为 120mm × 74mm，呈竖直状的长方形。在 120 型基础上，派生了 120mm × 120mm 大面板，以组合更多的功能件
118 型开关插座	118 型开关插座是 120 型标准进入中国后，国内厂家在仿制的基础上按中国人习惯进行变化而产生的。其正面也为 120mm × 74mm，但横置安装。118 型基础上，还有 156mm × 74mm，200mm × 74mm 两种长板配置，供在需集中控制取电的位置，安置更多的功能件

504 水龙头的特点和功用

水龙头是室内水源的开关，负责控制和调节水流量的大小，是室内装饰装修的必备材料。现代水龙头的设计讲究人与自然和谐共处的理念，以自然为本，以自然为师，以最尖端的科技和完美的细节品质著称。每一种匠心独具的产品都是自然与艺术的精彩展现，为人们的日常生活带来愉悦。

505 水龙头的类别

分类	概述
按材料来分	可分为铸铁、全塑、全铜、合金材料水龙头等类别
按功能来分	可分为冷水龙头、面盆龙头、浴缸龙头、淋浴龙头

续表

分　类	概　　述
按结构来分	可分为单联式、双联式和三联式等几种水龙头
备注：还有单手柄和双手柄之分。单手柄水龙头通过一个手柄即可调节冷热水的温度；双手柄则需通过分别调节冷水管和热水管来调节水温	

506 水龙头的开启方式类别

分　类	概　　述
螺旋式	螺旋式水龙头打开时，手柄要旋转很多圈
扳手式	扳手式水龙头手柄一般要旋转 90°
抬起式	抬起式水龙头手柄只需往上一抬即可出水
感应式水龙头	感应式水龙头只要把手伸到水龙头下，便会自动出水
备注：另外，还有一种延时关闭的水龙头，关上开关后，水还会再流几秒钟才停。这样，关水龙头时手上沾上的脏东西还可以再冲干净	

507 冷水龙头的特点

按阀体材料的不同，冷水龙头可分为铜水龙头、可锻铸铁水龙头和灰铸水龙头。有些水龙头虽然是以上三种材料制成的，但其各材料含量和生产工艺有问题，安装时很容易爆裂损坏。其结构多为螺杆升降式，即通过手柄的旋转，使螺杆升降而开启或关闭。它的优点是价格较便宜，缺点是使用寿命较短。

508 面盆龙头的特点

用于放冷水、热水或冷热混合水。它的结构有螺杆升降式、金属球阀式、陶瓷阀芯式等。阀体用黄铜制成，外表有镀铬、镀金及各色金属烘漆，造型多种多样；手柄分为单柄和双柄等形式；高档的面盆龙头装有落水提拉杆，可直接提拉打开洗面盆的落水口，排出污水。

509 浴缸龙头的特点

安装于浴缸一边上方，放冷热混合水。可接冷热两根管道的称为双联式；除接冷热水两根管道外，还有阀体上接有淋浴喷头装置的称三联式。启闭水流的结构有螺旋升降式、金属球阀式、陶瓷阀芯式等。目前市场上流行的是陶瓷阀芯式单柄浴缸龙头。它采用单柄调节水温，使用方便；陶瓷阀芯使水龙头更耐用，不漏水。浴缸龙头的阀体多采用黄铜制造，外表有镀铬、镀金及各式金属烘漆等。

510 淋浴龙头的特点

安装于淋浴房上方，用于放冷热混合水。其阀体多用黄铜制造，外表有镀铬、镀金等。启闭水流的方式有螺杆升降式、陶瓷阀芯式等。

511 水龙头的选购技巧

① 看表面工艺。好的水龙头表面镀铬工艺是十分讲究的，一般都是经过几道工序才能完成。分辨水龙头好坏要看其光亮程度，表面越光滑、越亮代表质量越好。

② 看水龙头把手。好的水龙头在转动把手时，水龙头与开关之间没有过大的间隙，而且开关轻松无阻，不打滑。劣质水龙头不仅间隙大，受阻感也大。

③ 看水龙头的材质。好水龙头是整体浇铸铜，敲打起来声音沉闷。如果声音很脆，那一定是不锈钢的，质量就要差一个档次了。

④ 看水龙头的阀芯。目前，常见的阀芯主要有三种：陶瓷阀芯、金属

球阀芯和轴滚式阀芯。陶瓷阀芯的优点是价格低，对水质污染较小，但陶瓷质地较脆，容易破裂；金属球阀芯具有不受水质的影响、可以准确地控制水温、节约能源等优点；轴滚式阀芯的优点是手柄转动流畅、操作容易简便、手感舒适轻松、耐老化、耐磨损。

TIPS

面盆水龙头有台上盆和台下盆之分；厨房水龙头有单孔直式安装和入墙安装之分；淋浴水龙头有软管花洒和嵌墙式花洒之分。具有特殊功能的有恒温水龙头、带过滤水装置的水龙头及有抽拉式软管的水龙头等，它们安装时都有不同的要求。比如，面盆的水龙头安装位置有单孔的，可装单柄水龙头；有三孔的，最多见的间隔约 10cm 的，也有一些间隔约 20cm 的，可安装单柄水龙头或双柄水龙头。所以，最好是先买洁具再配水龙头。

512 即热式电热水龙头的选购技巧

即热式电热水龙头也称作电热水龙头，体积小，加热速度快，即开即热，不受水压影响，不会出现忽冷忽热的现象。

① 价格太低不靠谱。一分钱一分货，对于这类商品，其基本造价摆在那里，要是售价低于市场价 30%，除非是大品牌做活动，否则最好不要买。

② 要有 3C 认证。3C 是国家强制性认证，选购的时候需认准这个标准，另外，还要验证 3C 认证的真伪。

③ 虚假低功率。要保证一过水就热，功率起码 2000W，低于这个标准的宣传十有八九是不靠谱的。

④ 选铜质弯管。铜质弯管的质量最好，铝管、铁管都不行。

⑤ 有没有保修。由于即热式电热水龙头的维修是个技术活，因此购买时一定要确认保修。

513 角阀的作用

① 转接作用：可以转接内外出水口。

② 调节水压：如果水压太大，可以通过三角阀调节，关小一点。

③ 具备开关的作用：如果水龙头漏水等现象发生，可以把三角阀关掉，不必关家中的总阀。

④ 必不可少：一般新房装修，角阀都是必不可少的水暖配件，所以装修新房时设计师也都会提到。

514 角阀的选购技巧

① 看材质。铜材质最佳，使用寿命长。铜质材质相对较重，购买时可以掂一掂，对比一下。现在角阀不少用的是锌合金，虽然便宜，但是容易断裂，出现跑水现象。

② 看阀芯。阀芯是角阀的心脏，关不关得牢、寿命年限全部与它有关。由于阀芯在外观看不到，只能试手感，太重使用不方便，手感太轻的，用不了多久会漏水。因此，选择手感柔和的角阀，寿命相对比较长。

③ 看电镀光泽。好的角阀表面光洁锃亮，用手摸顺滑无瑕疵。

④ 看品牌。选择大品牌、在正规卖场购买，相对质量比较可靠。

515 卫浴五金的选购技巧

① 看材质。卫浴配件用品既有铜质的镀塑产品，也有铜质的抛光铜产品，更多的是镀铬产品，其中以钛合金产品最为高档，再依次为铜铬产品、不锈钢镀铬产品、铝合金镀铬产品、铁质镀铬产品乃至塑质产品。

② 看镀层。挑五金件首先看镀层好不好。一般来说，表面越光亮细腻，镜面效果越明显，表明镀层工艺处理得越好。

③ 看工艺。通过严格标准工艺加工的产品，往往历经复杂的机械加工、抛光、焊接、检验等工序，不仅外形美观、使用性能好，而且手感极好，均匀细滑而且无瑕疵。

516 套装门五金的选购技巧

① 关注锁芯的材质与重量。全铜镀镍和铁镀镍锁外观几乎一样，但价格差别很大，一般全铜锁带静音，铁锁不带静音，细看全铜锁做工精细，铁锁做工较粗糙。球型锁安装时如偏芯等装不到位，使用中极易出毛病。现在有一种反手锁，手柄轻轻一抬，就能锁死，非常方便，但容易把钥匙锁在屋内。

② 听声音辨别锁具的质量好坏。相对而言，转动锁具时，声音越小的越好，手柄转一点，锁舌就应跟进一点。从钥匙形状来讲，“坑”状钥匙锁具比“牙”状钥匙锁具的安全性高些，但“坑”状钥匙丢了必须要到原厂配。锁具的方头舌数量越多，安全性越好。

③ 门吸最好选择不锈钢材质。具有坚固耐用、不易变形的特点。质量不好的门吸容易断裂，购买时可以使劲掰一下，如果会发生形变，就不要购买。

④ 塑料门把手易断裂。纯铜的门把手不一定比不锈钢的贵，要看工艺的复杂程度；而塑料门把手再漂亮也不要买，其强度不够，断裂就无法开门。

517 套装门五金的保养技巧

① 清洁门锁表面时，要使用清水或中性清洁剂，用软布擦拭，不可用腐蚀性清洗剂或刚性清洁物。

② 锁体转动的部位要经常保持有润滑剂，以保持其转动顺畅。同时建议以半年为周期，检查紧固螺钉是否松动，以确保紧固。

518 吊灯配件决定使用寿命

观察吊灯产品的相关配件，如塑料件，这一点虽然是细节，但是是如何选择吊灯很重要的一点，好的塑料件具有良好的绝缘、抗燃烧功能，这都是家庭安全的必须保证，所以这点就很重要了，其次好的材料不容易裂开、不容易变色等，这都是它的特点，消费者在如何选择吊灯饰时必须要重视。

519 荧光粉涂层决定着灯光的明暗

观察吊灯表面的荧光粉涂层也是很重要的一点细节，好的吊灯产品所采用的是三基色荧光粉，而差的吊灯产品所采用的是稀土三基色荧光粉掺卤粉的混合粉涂层，两者有什么大的区别呢？从效果上来说，差的吊灯产品发光效率只有好的吊灯的 30% 左右，其稳定性差，严重光衰，颜色效果不明显，这些因素导致其使用寿命也不长。

520 吊灯应选择质量好的电子镇流器

观察内在的品质也是很重要的。对于如何选择吊灯，吊灯的电子镇流器就是一个很重要的衡量指标。质量好的吊灯的电子镇流器会选择优质的电子元器件，差的吊灯就不好说了，很多差的吊灯的电子镇流器都是从市场上买些零件组装而来，其质量让人担忧。

好的吊灯选择了功率因数高、无频闪的电子镇流器，保护了使用者的视力及身体健康。

521 巧用煤油清洁水晶吊灯

要是家里有煤油，还有弃置的旧牙刷，用这两样东西对付水晶表面顽固的污垢最合适了。在清洁前，您须小心翼翼地把一个个水晶拆下来，再将它们浸到煤油中，然后用牙刷轻刷水晶表面，待表面的污垢慢慢软化后，就可以用洗衣粉刷洗水晶块了。

522 巧用食用醋擦拭灯具

将约一啤酒瓶盖的食用醋倒入半盆水中调匀，将抹布在其中浸泡，拧干后擦拭灯具。这样，擦出来的灯具不但明亮，还不会起静电，不易沾灰尘。

523 吊灯喷洒专用清洁剂

如果觉得逐个清洗水晶球太费力的话，也可以选择购买专业的清洁剂，这样只要朝水晶灯饰喷洒上清洁剂，水晶球或水晶片的浮尘就会随着液体的挥发而被带走。加稀天那水，对金属灯架清洁比较有效，但要加稀，不能过多，因为它是化工用品，另外要注意挥发完后亮灯，另外不能近火。用布沾天那水后抹好灯架，稍等五分钟左右后用布沾酒精或柴油外抹干净，一方面起到干净清洗作用，另一方面起到防锈作用。

524 餐厅吊灯的高度

① 固定吊灯：吊顶上的灯饰主要起衬托作用，通过明暗对比来突出装修效果。要善于运用照明来烘托就餐的愉快气氛，一般来说，餐厅吊灯的最佳高度是其最低点离地面不小于2.2m，这样的高度既不会影响照明，也不会碰到人。

② 伸缩吊灯：现在还很流行一种吊灯装饰方式，就是用能伸缩的吊灯作为主要的照明，配以辅助的壁灯。灯光的颜色最好是暖色，暖色灯光可以增加食欲。

525 欧式水晶吊灯的特点

用于欧式风格装修。通过水晶照射出来的暖黄灯光，其效果绚丽多彩，光影婆娑。且水晶吊灯的繁复造型，增添了空间内的奢华、富贵气息。

526 新中式吊灯的特点

用于中式、新中式风格装修。吊灯的样式结合了中国传统的古典元素，搭配现代精湛的工艺手法，设计出造型十分时尚，且具备文化内涵的吊灯。

527 现代风格吊灯的特点

用于现代风格、简约风格的装修。吊灯的设计吸取了欧式吊灯的经典样式，并结合现代风简练的线条及先进工艺，呈现出一款极具魅力及质感的吊灯。

528 购买时需检测吸顶灯的面罩质量

现在市场上生产吸顶灯的厂家很多，彼此用的面罩材料也不一样，最常见的有亚克力面罩、塑料面罩和玻璃面罩。最好的是经过两次拉伸的进口亚克力面罩。检测面罩的好坏可以先用手压面罩，看柔软度怎么样，软的较好；再把手心放过去，看手心颜色，红润的较好；最后把罩子打开，看拆卸是否方便。

529 依据空间面积选择吸顶灯尺寸

吸顶灯尺寸要依据照明面积决定。要注意不能用过小的吸顶灯，会显得天花板空旷，也不可用过大的吸顶灯，会显得喧宾夺主。一般来说卧室

面积 $10m^2$ 以下的，选择直径 45cm 以下的吸顶灯；$10\sim20m^2$ 大小卧室则选择直径大小 60cm 左右的吸顶灯；卧室大小为 $20\sim30m^2$ 的，应该选择直径在 80cm 左右的吸顶灯。

530 根据手心的颜色检测色温

点着一盏灯，然后站在灯下面看书。如果看起来字迹清晰、明亮，就说明这个光源比较好，光效高；如果字看不清、模糊、不光亮，就说明它不是真的光效高，只是眼睛的错觉而已。判断一个光源的色温是否太高更简单，把手心伸到光源旁边，看手心的颜色，如果红润，就说明色温刚好，显色性也好；如果手心发蓝，或者发紫，就说明色温太高了。

531 平面吊顶适合搭配极简风方形吸顶灯

吸顶灯对悬吊空间没有特别的要求，可以适应多种多样的居室空间，可以搭配多种多样的装饰风格。而其中以极简设计的吸顶灯最受欢迎，搭配空间效果最为出色。在吊顶设计不采用复杂造型的情况下，选择与吊顶空间成恰当比例的方形极简吸顶灯，则吸顶灯与吊顶所形成的线性美感为整体的空间提供出色的装饰效果，既不抢夺空间的主视觉，又营造出简约的美感。

532 吸顶灯是卧室的装饰首选

在选择卧室的灯具上，吸顶灯往往超过吊灯成为空间主人的首要选择，主要因为灯具恰固定在双人床的正上方，而吸顶灯不会带给人压抑感。在吸顶灯造型的选择上，圆形吸顶灯所带来的柔和线条令人感觉更舒适；方形或线条感强烈的吸顶灯却会带来紧张感，不利于舒适的睡眠。

533 吸顶灯的选购技巧

① 看面罩。目前市场上吸顶灯的面罩多是塑料罩、亚克力罩和玻璃罩。其中，最好的是亚克力罩，其特点是柔软、轻便、透光性好，不易被染色，不会在光和热下发生化学反应而变黄，而且它的透光性可以达到90% 以上。

② 看光源。有些厂家为了降低成本，有意把灯的色温做高，给人以为灯光很亮的错觉，但实际上这种亮会给人的眼睛带来伤害，引起疲劳，从而降低视力。好的光源在间距 1m 的范围内看书，字迹清晰，如果字迹模糊，则说明此光源为“假亮”，是故意提高色温。

③ 看镇流器。所有的吸顶灯都是要有镇流器才能点亮的，镇流器能为光源带来瞬间的启动电压和工作时的稳定电压。镇流器的好坏，直接决定了吸顶灯的寿命和光效。要注意购买大品牌、正规厂家生产的镇流器。

534 筒灯的特点

筒灯是嵌装于吊顶板内部的隐置性灯具，所有光线都向下投射，属于直接配光，可以用不同的反射器、镜片来取得不同的光线效果。装设多盏筒灯，可增加空间的柔和气氛。筒灯一般装设在卧室、客厅、卫浴的周边天棚上。

535 可以用鼻子辨别有异味的筒灯

从健康方面考虑，虽然采用无毒材料设计的 LED 筒灯产品价格要高，但千万别贪便宜选用有异味的 LED 筒灯，目前仅有少数几家 LED 厂家是用无毒材料生产，辨别的方法是直接用鼻子分别，有臭味的产品比无臭味的价格更低很多。

536 带散热器的筒灯适合高层的空间

筒灯有普通的带太阳花散热器跟超薄的灯体散热两种，住在高层建议使用超薄的，这样散热空间会更大效果也更好，同样可以适当提高吊顶的高度使房间的空间更大。

537 选购筒灯时需查看灯头的安全性

筒灯灯头是比较重要的一个环节，灯头的主要材质是陶瓷。里面的簧片是最重要的，有铜片和铝片两种，好的品牌采用的是铝片来做，并在接触点下安装有弹簧，可以加强接触性。另外就是灯头的电源线，好的筒灯品牌是采用三线接线灯头（三线即相线，零线，接地线），有的会带上接线端子，这个也是区分好品牌和普通品牌的一个很基本的方法。

538 筒灯搭配回形吊顶是设计中的经典手法

筒灯的结构特点决定了其安装需要一定的吊顶厚度，而铺满吊顶的设计却会减少空间的层高，带来压抑感。这时筒灯搭配回形顶的设计便应运而生。在吊顶的四周设计一定厚度和宽度的石膏板吊顶，环绕一周，自然地形成了吊顶的层级变化，此时将筒灯呈比例的安置在四周吊顶，既与吊顶结合成装饰，又为空间补充了暖光源。

539 射灯的特点

射灯的光线直接照射在需要强调的家具器物上，以起突出主观审美的作用，达到重点突出、层次丰富、气氛浓郁、缤纷多彩的艺术效果。射灯光线柔和，雍容华贵，既可对整体照明起主导作用，又可局部采光，烘托气氛。射灯可安置在吊顶四周或家具上部，也可置于墙内、墙裙或踢脚线里。

540 射灯的优点

① 安全性好：固态光源、无充气、无玻壳。

② 寿命长：50000~80000 小时。

③ 功率小光效高：一般为 3W 以下的功率，光电转换效率高。

④ 色彩丰富：颜色多种，可满足各种色彩照明。

⑤ 高尖端：第三代光源革命，科技含量高，灵活多变，驱动调控方便。

⑥ 体积小重量轻：发光二极管是一种微型光源。

⑦ 利于环保：废弃器件没有重金属污染，利于环保。

541 射灯的缺点

过多安装射灯，就会形成光污染，很难达到理想效果。而且过多安置射灯，很容易造成安全隐患。这些射灯看似瓦数小，但它们在小小的灯具上能积聚很大的热量，短时间内就可产生高温，时间一长容易引发火灾。

542 射灯的安装距离

家里的射灯一般用来作为局部重点照明，每两个射灯之间的距离控制在 90cm 或者 1m 即可。射灯的安装一般情况下都是一个线头装一条轨道，然后根据轨道长度再决定射灯的数量。直接把轨道接上电固定到墙上，再把射灯直接卡进去，两边的卡子绊一下固定住即可。

543 选购射灯的技巧

① 射灯绝大多数是用于对装饰物的加强照明，一般是嵌入到吊顶或墙体中。射灯工作时一般会产生较高温度，所以一定要购买优质的产品，不然会有安全隐患。

② 射灯使用时要搭配变压器使用，灯珠也应选择品质好的，不然射灯的

灯珠很容易坏，更换起来相当麻烦。

③ 目前市场上的射灯质量良莠不齐，凭肉眼很难辨别好坏，所以购买射灯最好选择品牌产品，并选择相匹配的优质变压器。

544 壁灯的购买技巧

在购买壁灯的时候，首先要看一下灯具本身的质量。灯罩通常由玻璃制成，而支架一般是金属制成的。灯罩主要看其透光性是否合适，并且表面的图案与色彩应该与居室的整体风格相呼应。金属支架的抗腐蚀性是否良好，颜色和光泽是否亮丽饱满都是衡量质量的重要指标。

545 根据使用空间选择不同的壁灯

壁灯的款式规格要与安装场所协调，如大房间可以安双火壁灯，斗室间可安单火壁灯。壁灯的色彩要与安装墙壁的颜色协调。壁灯的薄厚要与安装地点环境协调。若周围空大可选厚型壁灯；若周围窄小可选薄型壁灯。壁灯光源功率要与使用目的一致。壁灯安装高度以略高于人头为宜。

546 台灯的特点

台灯属于生活电器，按材质分为陶灯、木灯、铁艺灯、铜灯等，按功能分为护眼台灯、装饰台灯、工作台灯等，按光源分为灯泡、插拔灯管、灯珠台灯等。台灯光线集中，便于工作和学习。一般客厅、卧室等用装饰台灯，工作台、学习台用节能护眼台灯。

547 台灯的选购技巧

① 拉：是指将电源线插头拔离插座，用力将电源线拉向灯腔外，看电源线的连线是否牢固。

② 调：是指调节台灯的各种工作位置，调节时，台灯不能发出声响，调节后工作位置应能方便可靠地锁紧。

③ 摇：是指将台灯调至最不利的工作位置，然后轻轻摇晃台灯放置的平面，看台灯是否容易翻倒，若台灯平稳性不好，就容易翻倒。

④ 触摸：是指将台灯点亮一段时间（2 小时）后，用手触摸灯罩等使用时容易触及的发热部件是否烫手，以防日后使用时被意外烫伤。

548 儿童使用台灯的要求

给儿童选择白炽台灯时，样式宜选用带灯罩光线不直接照射儿童眼睛且固定不动的，可调光的；使用 40W 的白炽灯泡，以达到 400~700lx 的照明度；台灯要在书桌的左前方，避免右手挡住光线；如果书桌靠近窗户，台灯应放在窗户的正面或坐下时不背光的一侧。

549 落地灯检测光源是关键

有的业主在选灯的时候会发现有的落地灯看起来更亮，而有的会更暗，有的发白，有的发紫或发蓝，这是由于光源的光效不同和色温不同造成的。有的小厂家生产的光源本来光效很低，但为了让客户看起来更亮，就把色温做高，这样看起来更亮一点，实际上不是真的亮，只是人眼的错觉而已，长期在这种环境下视力会越来越差。

如果选购“造型式落地灯”，这种灯可以说不是用来照明的，它在家居中更像是环境里的一件“光雕”。当然选购这类落地灯，要考虑它和家居整体风格的一致性。

550 适合用在厨房的灯具

由于中国人的饮食习惯，厨房里经常需要煎炸烹煮，油烟自然是少不了的，所以在选择灯具的时候，宜选用不会氧化生锈或具有较好表面保护层的材料，同时防水防尘防油烟的灯具产品。灯罩宜用外表光洁的玻璃、塑料或金属材料，以便随时擦洗，而不宜用织、纱类织物灯罩或造型繁杂、有吊坠物的灯罩。

551 卫浴镜前灯的种类

分类	概述
根据安装位置的不同	有洗手盆镜前灯、浴室镜前灯、卫浴镜前灯以及梳妆台镜前灯
根据使用的灯泡不同	镜前灯大体分为三种光源：①卤素光源，不受气候影响、显指较高，但是功耗大、发热也高；②节能型光源，包括节能灯管和 T4、T5 灯管，节能可达 80%，但是受环境影响也大；③ LED 系列，现在最流行的产品，种类多、时尚、功耗小，也不受环境影响

552 仿古灯的特点

中式仿古灯与精雕细琢的中式古典灯具相比，更强调对古典和传统文化神韵的再现，图案多为清明上河图、如意图、龙凤、京剧脸谱等中式元素，其装饰多以镂空或雕刻的木材为主，宁静而古朴。

553 铁艺灯的特点

铁艺灯的主体是由铁和树脂两部分组成的，铁制的骨架能使它的稳定性更好，树脂能将它的造型塑造得更多样化，还能起到防腐蚀、不导电的作用。铁艺灯的色调以暖色调为主，这样就能散发出一种温馨柔和的光线，更能衬托出美式乡村家居的自然与拙朴。

PART

5

施工完成后结合家居整体风格选购的软装材料

有些业主以为提前购买家具和布艺织物会节省时间，或趁商家节日促销时定下来会省很多钱。但其实，很多建材家具须与装修过程相匹配，不然会与整个装修风格不搭或因为不适用而需要退换货，这样反而得不偿失。

554 家具需要装修后期购买

家具的体型庞大，因此在前期购买后摆放在房屋中，会影响房屋内的施工，且家具也会被弄得脏乱不堪；由于家具属于软装类，不与房屋中的硬装发生关系，不用考虑家具的购买是否影响施工进度。综合上述两点，可以确定家具的购买在后期进行是最为合适的。但在平时逛材料市场时，业主可以多关注家具的动态，利于后期购买时掌握一定的家具知识。

布艺织物属于家居中的软装饰类，是家庭装修完成、大件家具进场后才进场的材料；布艺织物的购买时间早晚完全不会影响到装修施工的进程。因此，布艺织物在后期购买是合适的，而且装修的后期，业主需要选购的材料不像前中期一样匆忙，可以静下来仔细地选购自己喜爱的布艺织物，或根据订购好的家具进行搭配选择，使整体居室风格保持统一。

555 不同家居空间所包含的家具

空间	家　具
客厅	双人沙发、沙发椅、长（方）茶几、三人沙发或者单人沙发、角几、电视柜、几案以及装饰柜
玄关	鞋柜、衣帽柜、雨伞架、玄关几
卧室	床、床头柜、榻、抱枕、衣柜、梳妆台、梳妆镜、挂衣架
餐厅	餐桌、餐椅、餐边柜、角柜
书房	书架、书桌椅、文件柜

556 电视柜的一般尺寸

目前，家庭装修中电视柜的尺寸都是可以定制的，主要根据要买的电视大小、房间的大小以及电视与沙发之间的距离，再结合个人的使用习惯来确定。一般来说，电视柜要比电视长 2/3，高度大约在 40~60cm。由于现在的电视都是超薄或壁挂式的，因此电视柜的厚度多在 40~45cm。另外，如果想要购买成品电视柜，也可以根据已经确定的电视机尺寸按比例放大后进行选择。

557 选购电视柜的技巧

选择什么样的电视柜可以根据自己的喜好决定，也可由客厅和电视机的大小决定。如果客厅和电视机都比较小，可以选择地柜式电视柜或者单组玻璃几式电视柜；如果客厅和电视机都比较大，而且沙发也比较时尚，就可以选择拼装视听柜组合或者板架结构电视柜，背景墙可以刷成和沙发一致的颜色。

558 选购布艺沙发的技巧

① 看面料是专用沙发面料，还是普通面料，主要看厚度和抗拉强度。
② 看布料的色调搭配是否和谐、大方。
③ 看框架的整体牢固度，重量轻者说明所用木材和填充料不到位。
④ 拉开活套，用手挤压海绵和膨喷棉，并多次坐靠，体验舒适程度和回弹强度。

559 双人沙发的一般尺寸

标准双人沙发尺寸外围宽度一般在 140~200cm，深度大约有 70cm。当然，这些数字并不是固定的，它是一个波动区间，在这个范围内或者是相近的尺寸都是比较合理的。另外，人坐上沙发后坐垫凹陷的范围一般在 8cm 左右为好。如果一款双人沙发的各方面数字能够相差无几，那么其尺寸就是标准双人沙发尺寸了。

560 三人沙发的一般尺寸

三人沙发一般分为双扶三人沙发、单扶三人沙发、无扶三人沙发三类。三人沙发座面的深度一般在48~55cm，后靠背的倾斜度则以100°~108°为宜，两侧扶手的高度在62~65cm。

序号	内容
常见尺寸一	1900mm×700mm×780mm，这种一般是比较简单的三人沙发的尺寸，很多都是无扶手的，一般简装的房子或者是卧室中可以放一个这样的沙发
常见尺寸二	1700mm×800mm×700mm，这种就是比较小型的低背沙发的尺寸了，一般小户型很适用
常见尺寸三	2140mm×920mm×850mm，这种一般是比较大气的沙发的尺寸，皮艺三人沙发一般差不多就是这个尺寸，比较适合放在大客厅中
常见尺寸四	1920mm×1000mm×450mm，这种一般是组合布艺沙发中三人沙发的尺寸

561 判断沙发质量的好坏的技巧

① 看沙发骨架是否结实。具体方法是抬起三人沙发的一头至离地少许，看另一头的腿是否离地，只有另一边也离地，检查才算通过。

② 看沙发的填充材料的质量。具体方法是用手去按沙发的扶手及靠背，如果能明显感觉到木架的存在，则证明此套沙发的填充密度不高，弹性也不够好。轻易被按到的沙发木架也会加速沙发布套的磨损，减少沙发的使用寿命。有些沙发座带拉链能打开，能直观感受沙发内部填充物的做工以及木材的材质和干燥度。

③ 检验沙发的回弹力。具体方法是让身体呈自由落体式坐在沙发上，身体至少应被沙发坐垫弹起两次以上，才能证明沙发弹性良好，并且使用

寿命会更长。

④ **注意沙发细节处理。** 打开配套抱枕的拉链，观察并用手触摸里面的衬布和填充物。抬起沙发看底部处理是否细致，沙发腿是否平直，表面处理是否光滑，底部是否有防滑垫等细节部分。好的沙发在细节部分，处理也同样精致。

⑤ **用手感觉沙发表面。** 查看是否有刺激皮肤的现象，观察沙发的整体面料颜色是否均匀，各接缝部分是否结实平整，做工是否精细。

562 搭配餐桌的技巧

① **确定用餐区的面积有多大。** 假如房屋面积很大，有独立的餐厅，则可选择富于厚重感觉的餐桌和空间相配；假如餐厅面积有限，而就餐人数并不确定，可能节假日就餐人数会增加，则可选择目前市场上最常见的款式——伸缩式餐桌。面积有限的小家庭，可以让一张餐桌担任多种角色，如既可以当写字台，又可以当娱乐消遣的麻将台等。

② **根据居室的整体风格来选择。** 餐区最好保持风格的简洁，可考虑购

买一款玻璃台面、简洁大方的款式。餐桌的外形对家居的氛围有一些影响：长方形的餐桌更适用于较大型的聚会；圆形餐桌令人感觉更有民主气氛；不规则桌面则更适合两人小天地使用，显得温馨自然。

563 实木餐桌的购买技巧

首先需要闻，只要是实木的家具就会有淡淡的树木的清香味，就像松木，会有松树淡淡的香味。不会有刺鼻的或者甲醛化学物品的味道。再看下餐桌的纹路，不是实木的餐桌在外观上会比实木餐桌更光滑一些，没有任何的瑕疵，而实木餐桌则相反，在树木的成长过程中必然地会有一些疤痕，实木的纹理也会更清晰，有时候餐桌上有疤痕那么就看看餐桌的背面，如果两个疤痕可以对应上，可证明是真的实木家具。

564 玻璃餐桌的购买技巧

玻璃餐桌所使用的玻璃一定要选用钢化玻璃，经过钢化处理的玻璃，强度较之普通玻璃提高数倍，抗弯强度是普通玻璃的 3~5 倍。钢化玻璃遭破坏后呈无锐角的小碎片，保证了其安全性。外观的平整、透明、光滑度也反映了玻璃的质量，在玻璃底面放置带有文字的白纸，正面眼观可否清楚看出字迹以判断其透明度；以手抚摸台面没有明显的阻滞感，这样的玻璃才是光滑无瑕疵的。

565 沙发床的特点

可以变形的家具，能根据不同的室内环境要求和需要对家具本身进行变形。原本是沙发，拆解开就可以当床使用，是现代家具中比较适合小空间的家具，是沙发和床的组合。

566 平板床的特点

由基本的床头板、床尾板加上骨架为结构组成的平板床，是一般最常见的床的式样。虽然简单，但床头板、床尾板却可营造不同的风格。具有流线线条的雪橇床，是其中最受欢迎的式样。若觉得空间较小，或不希望受到限制，也可舍弃床尾板，让整张床看起来更大。

567 四柱床的特点

最早来自欧洲贵族使用的四柱床，让床有最宽广的浪漫遐想。古典风格的四柱上，有代表不同时期风格的繁复雕刻；现代乡村风格的四柱床，可借由不同花色布料的使用，将床布置得更加活泼，更具个人风格。

568 床的一般尺寸

分类	概述
单人床的标准尺寸	1.2m×2.0m 或 0.9m×2.0m
双人床的标准尺寸	1.5m×2.0m
大床的标准尺寸	1.8m×2.0m

备注：以上是标准尺寸，过去的长度标准是 1.9m，现在的大品牌款式基本上是 2.0m。但注意这个床的尺寸是指床的内框架（即床垫的尺寸）。购买的时候要注意床的外框，因为不同款式的床外框是不一样的。如果是这几个尺寸以外的，属于特殊定做，是不能叫作标准尺寸的

569 儿童床的尺寸规格

分类	概述
初生婴儿	宝宝刚出生时，不宜使用太大的床，一张小巧、美观、实用的婴儿床即可。现在的婴儿床一般既实用又安全，宝宝睡觉时即使翻身，也不会掉下来，同时，也有足够大的空间可以让宝宝在上面玩耍
学龄前	年龄 5 岁以下，身高一般不足 1m，建议为其购买长 l~1.2m，宽 0.65~0.75m 左右的宝宝床，按标准设计，此类床高度约为 0.4m
学龄期	可以参照成人床尺寸来购买，即长度为 1.92m、宽度为 0.8m、0.9m 和 1m 三个标准，这样等宝宝长大后，床仍然可以使用

TIPS

选购双层床时要注意下铺面至上铺底板的尺寸。一般层间净高应不小于 0.95m，以保证宝宝有足够的活动范围，不会经常碰到头。

570 儿童家具的选购技巧

儿童家具的选购上要注意其稳固性和环保性。小孩子都是活泼好动的小精灵，如果家具不够稳固，就很容易出现意外，而搁在高架上的东西如不放稳，也会掉落砸到幼童。家具的材质应是天然环保又不会对人体有害的物质。因为儿童会用嘴来尝试探索，所以儿童家具对用漆也十分讲究，应该使用无铅无毒无刺激的漆料。因此购买时，应选择去知名度和信誉度较高的商场或品牌专卖店购买。

571 床头柜的尺寸标准

对床头柜的标准尺寸国家有明确的规定：宽 400~600mm，深 350~450mm，高 500~700mm。其中，现代风格的床头柜时尚简单、造型简练，是最为常见的一种床头柜。该类型床头柜尺寸通常为 580mm × 415mm × 490mm、600mm × 400mm × 600mm 及 600mm × 400mm × 400mm，适合搭配 1.5 × 2（m）和 1.8 × 2（m）的床。

现在不少品牌的床都有对应的组合床头柜，尺寸都是搭配好的。在买床的时候，不妨问一问。相对而言，成套的家具效果更为整体，也耐看一些。

572 选购梳妆台的技巧

从梳妆台的功能来看，它绝对是卧室中最容易显得杂乱的角落。解决办法是选择带抽屉的梳妆台。此外，购买梳妆台的时候不要忘了配套的凳子，这是保证凳子高度和柜子相匹配的最好办法，否则会给人带来极大的不便。

大多数梳妆台都配有一面镜子，一般设计在桌面以上的位置。台面下的抽屉应该安排合理，给使用者的腿部留出足够的空间，购买时最好亲自试一下。

573 根据不同人群选择整体衣柜

不同年龄	衣柜需求
老年人	老年人的衣物，挂件较少，叠放衣物较多，可以考虑多做些层板和抽屉，但不宜放置在最底层，应该在离地面 1m 高左右，这样方便老年人拿取
儿童	儿童的衣物，通常也是挂件较少，叠放较多，最好能在衣柜设计时就考虑设计一个大的通体柜，只有上层的挂件，下层空置，方便儿童随时打开柜门取放和收藏玩具
年轻夫妇	年轻夫妇的衣物则非常多样化。长短挂衣架、独立小抽屉或者隔板、小格子这些都得有，便于不同的衣服分门别类地放置

574 根据不同着装习惯选择整体衣柜

着装习惯	衣柜需求
偏爱长款裙装和风衣	选择有较大的挂长衣空间的衣柜，柜体高度不低于 1300mm
偏爱西服、礼服	这类衣物要求挂在衣柜空间内，柜体高度不低于 800mm
偏爱休闲装	可多配置层架，层叠摆放衣物；以衣物折叠后的宽度来看，柜体设计时宽度在 330~400mm 之间、高度不低于 35mm
备注：暗屉可以用来将领带、内衣收好。抽屉的高度不低于 150~200mm	

575 书柜的选购要点

选择书柜前要针对自己已有的书籍和将来要添置的书籍来决定书柜的样式。例如书籍多为 32 开本，则没必要选择层高和厚度是大 16 开本书籍设计的书柜，以免白白浪费宝贵空间。注意书柜的结实度，书籍较重，不同于其他家具中收纳的物品，因此对结实度的要求很高。尤其是中间横板要求结实，竖向支撑力也要强，这样整体才能牢固耐用。

576 书桌的选购要点

家用书桌最好不要采用写字楼用的办公桌，因其不一定与其他家具相协调。一般单人书桌可用 60cm×110cm 的台面，台高 71~75cm。台面至柜屉底不可超过 125mm，否则起身时会撞脚。靠墙书桌，离台面 45cm 处可设一 10cm 灯槽，这样书写时看不见光管，但台面却有充足光照。14 岁以下小孩使用的书桌，台面至少应为 50cm×50cm，高度应为 58~71cm。

577 座椅的选购要点

好的座椅具有双气动功能，既可以调节椅子高低，又可调节椅背的俯仰角度。选购时，业主可坐下并感觉椅背是否软硬适中，椅背曲线是否契合人体脊柱的弯曲度，全面承托背部、腰部，帮助确保正确坐姿；椅座是否宽阔厚实，既能减轻身体坐下时由人体重量所产生的冲击力，也能舒缓长期伏案时臀部所承受的压力，松弛身心，提高工作效率。

578 羊毛地毯的特点

羊毛地毯采用羊毛为主要原料。毛质细密，具有天然的弹性，受压后能很快恢复原状。采用天然纤维，不易带静电，不易吸尘土，还具有天然的阻燃性。羊毛地毯图案精美，不易老化褪色，吸声、保暖、脚感舒适。

579 选购羊毛地毯的技巧

① 看外观。优质羊毛地毯图案清晰美观，绒面富有光泽，色彩均匀，花纹层次分明，毛绒柔软，倒顺一致；而劣质地毯则色泽暗淡，图案模糊，毛绒稀疏，容易起球、粘灰，不耐脏。

② 摸原料。优质羊毛地毯的原料一般是精细羊毛纺织而成，其毛长而均匀，手感柔软，富有弹性，无硬根；劣质地毯的原料往往混有发霉变质的劣质毛以及腈纶、丙纶纤维等，其毛短且粗细不匀，手摸时无弹性，有硬根。

③ 试脚感。优质纯毛地毯脚感舒适，不黏不滑，回弹性很好，被踩后很快便能恢复原状；劣质地毯的弹力往往很小，被踩后复原极慢，脚感粗糙，且常常伴有硬物感觉。

④ 查工艺。优质羊毛地毯的工艺精湛，毯面平整，纹路有规则；劣质地毯则做工粗糙，漏线和露底处较多，其重量也因密度小而明显低于优质品。

580 混纺地毯的特点

混纺地毯中掺有合成纤维，价格较低，使用性能有所提高。花色、质感和手感与羊毛地毯差别不大，但克服了羊毛地毯不耐虫蛀的缺点，同时具有更高的耐磨性，有吸声、保湿、弹性好、脚感好等特点。

581 选购混纺地毯的技巧

① 地毯色彩要协调。把地毯平铺在光线明亮处，观看全毯，其颜色要协调，不可有变色、异色之处，染色也应均匀，忌讳忽浓忽淡。

② 整体构图要完整。图案的线条要清晰圆润，颜色与颜色之间的轮廓要鲜明。优质地毯的毯面不仅平整，而且线头密，无缺疵。

③ 查看“道数”是否符合标准。通常以“道数”（经纬线的密度——每平方英尺打结的多少）以及图案的精美和优劣程度来确定档次。例如 90 道地毯，每平方英尺手工打 8100 个毛结；120 道地毯，每平方英尺手工打 14400 个毛结；道数越多，打结越多，图案就越精细，摸上去就越紧凑，弹性好，其抗倒伏性就越好。

582 化纤地毯的特点

化纤地毯也叫合成纤维地毯，如丙纶化纤地毯、尼龙地毯等。它是用簇绒法或机织法将合成纤维制成面层，再与麻布底层缝合而成。化纤地毯耐磨性好，并且富有弹性，价格较低。

583 塑料地毯的特点

塑料地毯是采用聚氯乙烯树脂、增塑剂等混炼、塑制而成。其特点是质地柔软，色彩鲜艳，舒适耐用，不易燃烧且可自熄，不怕湿，所以也可用于浴室，起防滑作用。

584 草织地毯的特点

主要将草、麻、玉米皮等材料加工漂白后纺织而成，乡土气息浓厚，适合夏季铺设。但其易脏、不易保养，经常下雨的潮湿地区不宜使用。

585 橡胶地毯的特点

橡胶地毯是以天然橡胶为原料，经蒸汽加热、模压而成。其绒毛长度一般为 5~6mm。除了具有其他地毯的特点外，橡胶地毯还具有防霉、防滑、防虫蛀，隔潮、绝缘、耐腐蚀及清扫方便等优点。

586 橡胶地毯的常用规格和区域

橡胶地毯常用的规格有 500mm × 500mm、1000mm × 1000mm 方块地毯，其色彩与图案可根据要求定做，其价格同簇绒化纤地毯相近。可在楼梯、浴室、过道等潮湿或经常淋雨的地面铺设。

587 挑选客厅地毯的技巧

① 客厅面积在 $20m^2$ 以上的，地毯不宜小于 1.7m × 2.4m。

② 客厅不宜大面积铺装地毯，可选择块状地毯，拼块铺设。

③ 地毯的色彩与环境之间不宜反差太大，地毯的花型要按家具的款式来配套。

④ 除了美观之外，地毯是否耐用也很关键。

⑤ 地毯的价格应该是所处位置家具价格的 1/3 左右才合适。

588 窗帘的组成部分

类　别	内　　容
帘体	包括窗幔、帘身和窗纱，窗幔是装饰帘不可缺少的部分，有平铺、打褶、水波、综合等样式
辅料	由窗缨、帐圈、饰带、花边、窗襟衬布等组成
配件	有侧钩、绑带、窗钩、窗带、配重物等

589 开合帘（平开帘）的特点

分　类	概　　述
欧式豪华型	上面有窗幔，窗帘的边沿饰有裙边，花型以色彩浓郁的大花为主，看上去比较华贵富丽

续表

分类	概述
罗马杆式	窗帘的轨道是用各种不同造型和材质的罗马杆制成的，花型和做法的变化多，分为有窗幔的和无窗幔的。花型可以用色彩浓郁的大花，也可用比较素雅的条格或素色等
简约式	这种窗帘突出面料的质感和悬垂性，不添任何辅助的装饰手段，以素色、条格或色彩比较淡雅的小花草为素材，看上去比较时尚和大气

590 罗马帘（升降帘）的特点

罗马帘是指在绳索的牵引下做上下移动的窗帘。比较适合安装在豪华风格的居室中，特别适合有大面积玻璃的观景窗。面料的选择比较广泛。罗马帘的装饰效果华丽、漂亮。它的款式有普通拉绳式、横杆式、扇形、波浪形。

591 卷帘的特点

卷帘指随着卷管的卷动而做上下移动的窗帘，一般起阻挡视线的作用。材质一般选用带各种纹路或印有各种图案的无纺布，亮而不透，表面挺括。简洁是卷帘最大的特点，周边没有花哨的装饰，且花色多样、使用方便、非常便于清洗。安装卷帘的窗户上方往往设有一个卷盒，使用时往下一拉即可，比较适合安装在书房、卫浴等面积小的房间。

592 百叶帘的特点

百叶帘指可以做 180° 调节并做上下垂直或左右平移的硬质窗帘。百叶帘遮光效果好、透气性强，可以直接水洗，易清洁，适用性比较广，如书房、卫浴、厨房、办公室及一些公共场所都适用，具有阻挡视线和调节光线的作用。材质有木质、金属、化纤布或成形的无纺布等，款式有垂直和平行两种。颜色比较多，可根据喜好、装饰风格进行选择。

593 挑选百叶帘的技巧

① 转动调节棒，打开叶片，看看各叶片的间隔距离是否匀称，各叶片是否无弯曲的感觉；当叶片闭合时，各叶片都要相互吻合，而且要无漏光的空隙。

② 观察窗帘的颜色、叶片以及所有的配件，比如线架、调节棒、拉线、调节棒上的小配件等，每个小细节的颜色都要保持一致。

③ 用手亲自感觉叶片与线架的光滑度，一般而言，质量好的百叶窗帘都会光滑平整，而且无刺手、扎手的感觉。

④ 叶片打开后，可用手下压每个叶片，然后迅速松手，看看各叶片是否能够立即恢复水平状态，而且无弯曲现象出现。

⑤ 当叶片全部闭合时再拉动拉线，然后卷起叶片。最后检查叶片自动锁紧的功能，看看是否既不继续上卷，也不松脱下滑。

594 纱帘的特点

与布艺窗帘相伴的窗纱不仅给居室增添柔和、温馨、浪漫的氛围，而且具有采光柔和、透气通风的特性，可调节人们的心情，给人一种若隐若现的朦胧感。窗纱的面料有涤纶、仿真丝、麻或混纺织物等，可根据不同的需要任意搭配。

595 垂直帘的特点

垂直帘因其叶片一片片垂直悬挂于上轨而得名。垂直帘可左右自由调光，达到遮阳的目的。根据其材质不同，可分为铝质帘、PVC 帘及人造纤维帘等。其叶片可 180° 旋转，随意调节室内光线，收拉自如，既可通风，又能遮阳，气派豪华，集实用性、时代感和艺术感于一体。

596 木竹帘的特点

木竹帘给人古朴典雅的感觉，使空间充满书香气息。其收帘方式可选择折叠式（罗马帘）或前卷式，木竹帘还可以加上不同款式的窗帘来陪衬。大多数的木竹帘都使用防霉剂及清漆处理过，所以不必担心发霉虫蛀问题。木竹帘陈设在家居中能显出风格和品位。它基本不透光，但透气性较好，适用于纯自然风格的家居中。木竹帘的用木很讲究，所以价格偏高。

597 窗帘的日常保养方法

① 每周（或者根据家里的实际情况半个月或一个月）吸尘一次，尤其注意去除表面的积尘。

② 如果沾有污渍，可用干净的毛巾蘸水擦拭。要从污渍的外圈向内擦拭，避免留下痕迹。

③ 如果发现线头松脱，不可用手扯断，应用剪刀整齐剪平。

④ 清洗窗帘之前请仔细阅读洗涤标识说明。窗帘不需要经常洗涤，但时间一长，灰尘容易让色彩灰暗，建议半年到一年左右清洗一次。禁止漂白或使用含漂白成分的洗涤剂清洗。特殊材质的窗帘，建议到专业的干洗店清洗，避免窗帘变形。

⑤ 晾晒时宜反面向外，避免日光直射暴晒。

598 依据住宅的环境选择窗帘

这要根据周围环境来考虑，如果房间位居高层，户外空旷，可选纤薄型，且华丽、雅致、轻柔飘逸的；相反，房间处于住宅密集、闲杂场所或位于楼房底层则选择厚实一点。像百叶窗帘既可控制光度和透气性又不影响窗前物品的陈列。

599 根据墙面颜色搭配窗帘

墙壁是白色或淡象牙色，家具是黄色或灰色，窗帘宜选用橙色。墙壁是浅蓝色，家具是浅黄色，窗帘宜选用白底蓝花色。墙壁是黄色或淡黄色，家具是紫色、黑色或棕色，窗帘宜选用黄色或金黄色。墙壁是淡湖绿色，家具是黄色、绿色或咖啡色，窗帘选用绿色或草绿色为佳。

600 根据窗户的大小选择窗帘

窗帘的长度要比窗子稍长一些，以避免风大掀帘。窗帘的宽度要根据窗子的宽窄而定，一定要使它与墙壁大小相协调。较窄的窗户应选择较宽的窗帘，以挡住两侧多余的墙面。还有窗帘是否打上褶或用双层，这要根据各人的喜好去选择。打褶有一种动态变化的韵律美；双层的窗帘内外效果都别有一番韵味。